从零基础到烹调大师

面点制作技术

主编 钱峰 程璞

中国商业出版社

图书在版编目(CIP)数据

面点制作技术／钱峰，程璞主编． －－北京：中国商业出版社，2021.8

ISBN 978－7－5208－1607－6

Ⅰ．①面… Ⅱ．①钱…②程… Ⅲ．①面食－制作－技术培训－教材 Ⅳ．①TS972.116

中国版本图书馆 CIP 数据核字（2021）第 078008 号

责任编辑：李 飞 蔡 凯

中国商业出版社出版发行
010－63180647 www.c－cbook.com
（100053 北京广安门内报国寺 1 号）
新华书店经销
北京军迪印刷有限责任公司印刷

*

787 毫米×1092 毫米 16 开 14.25 印张 280 千字
2021 年 8 月第 1 版 2021 年 8 月第 1 次印刷

定价：68.00 元

* * *

（如有印装质量问题可更换）

前　言

　　中华饮食文化历史悠久，是中华文化的重要组成部分。中华饮食文化特别是中式烹调技艺在世界饮食文化中占据了重要的地位。在 2021 年 4 月，习近平总书记对职业教育工作作出重要指示强调，在全面建设社会主义现代化国家新征程中，职业教育前途广阔、大有可为。加快构建现代职业教育体系，培养更多高素质技术技能人才、能工巧匠、大国工匠。为更好地贯彻落实全国职业教育大会精神，推进社会主义文化强国建设，弘扬中华饮食文化特别是中式烹调技艺、传播中华美食、传播中华优秀文化，经过多次调研论证，我们邀请部分中国中餐烹调技艺的专家学者和烹饪大师精心编写了这套《零基础到烹调大师——烹饪鲁班工坊系列丛书》。

　　本系列烹饪教材的编写，结合餐饮行业的特点及烹饪人才的需要，根据国家对职业教育的发展要求，以期提高教学质量，改进教学方法，不断推进教学改革，尽快地为社会培养更多更好的烹饪人才。该系列教材既适合高职院校师生使用，又适合中职学校师生及社会培训机构使用。

　　《面点制作技术》是烹饪专业的专业课之一。本教材的编写是根据当前烹饪专业面点制作的理论体系逐步展开的。旨在提高学生对面点制作技艺方面的认识和掌握，提高面点制作的水平。突出特点是将理论知识讲述的基本原理和面点制作的技能紧密结合起来，讲解一定的烹饪技法，又根据中职院校学生的具体特点和学习要求，深入浅出、通俗易懂、易于制作，具有很强的针对性和指导意义。

　　《面点制作技术》包含的内容丰富，是烹饪专业不可缺少的重要组成部分。全书从面点制作技艺的基本功、面团、馅心等知识到面点的成熟方法等进行了详述，并一一列举面点制作实例，本着实用为主、够用为度的原则，便于学生掌握其基本技能，为学生的就业和实际操作打下良好的基础。

　　本书由江苏省徐州技师学院钱峰、程璞担任主编，全书由钱峰统稿整理。

在编写过程中，得到了江苏省徐州技师学院相关领导的大力支持，在此表示衷心的感谢。

由于时间仓促、水平有限，缺点遗漏在所难免。书中缺点、不妥之处，恳请专家、同行及广大读者批评指正。

编者

2021 年 8 月

目 录

第一章　面点概述 ·· (1)
　　第一节　面点的概念和发展 ·· (3)
　　第二节　面点的分类和种类 ·· (9)
　　第三节　中式面点的特征和作用 ·· (11)

第二章　厨房面点制作设备与工具 ·· (15)
　　第一节　初加工机器设备 ·· (17)
　　第二节　面点成型加工设备 ··· (20)
　　第三节　面点常用成熟设备 ··· (23)
　　第四节　面点制作常用工具 ··· (28)

第三章　面点制作基本功 ·· (33)
　　第一节　和面 ··· (35)
　　第二节　揉面 ··· (39)
　　第三节　搓条与下剂 ··· (41)
　　第四节　制皮 ··· (43)
　　第五节　上馅 ··· (45)

第四章　面点成型技术 ··· (47)
　　第一节　押 ·· (49)
　　第二节　切 ·· (52)
　　第三节　削 ·· (54)
　　第四节　拨 ·· (56)
　　第五节　叠 ·· (58)
　　第六节　摊 ·· (59)
　　第七节　擀 ·· (61)
　　第八节　按 ·· (63)
　　第九节　揉 ·· (64)
　　第十节　包 ·· (66)
　　第十一节　卷 ··· (69)

第十二节　捏 …………………………………………………（71）

　　第十三节　钳花 ………………………………………………（74）

　　第十四节　模具 ………………………………………………（75）

　　第十五节　滚粘 ………………………………………………（77）

　　第十六节　镶嵌 ………………………………………………（78）

第五章　面点馅心制作 ……………………………………（81）

　　第一节　馅心的分类、作用和要求 …………………………（83）

　　第二节　咸味馅心的制作工艺 ………………………………（87）

　　第三节　甜味馅心的制作工艺 ………………………………（114）

　　第四节　复合味馅 ……………………………………………（125）

第六章　面点成熟工艺 ……………………………………（127）

　　第一节　煮 ……………………………………………………（131）

　　第二节　蒸 ……………………………………………………（134）

　　第三节　煎 ……………………………………………………（137）

　　第四节　炸 ……………………………………………………（140）

　　第五节　烤 ……………………………………………………（144）

　　第六节　烙 ……………………………………………………（147）

　　第七节　炒 ……………………………………………………（150）

　　第八节　复合加热 ……………………………………………（152）

第七章　面团 ………………………………………………（155）

　　第一节　水调面团 ……………………………………………（157）

　　第二节　膨松面团 ……………………………………………（167）

　　第三节　油酥面团 ……………………………………………（183）

　　第四节　米粉面团 ……………………………………………（202）

　　第五节　其他面团 ……………………………………………（211）

参考文献 ……………………………………………………（219）

第一章

面点概述

第一节　面点的概念和发展

一、面点、点心和糕点

从"面点"二字的字义来看，一般认为是利用粉状的粮食（主要是面粉、米粉等）为原料调制而成的用于暂时充饥的食品。在南方习惯称为"点心"，而在北方则习惯称为"面食"，这类食品通常以手工作坊制作，一般不作正餐主食，而以早晨、午后或夜晚食用为多。从其供应的形式看，是特指饮食业供应的方便食品（包括早点、小吃和筵席点心等）。

面点，即正餐以外的小分量食品，它有广义和狭义之分。广义的面点，包括主食、小吃、点心和糕点；狭义的面点，则将比较粗放的主食、部分小吃排除在外。从面点演变规律看，是先有主食、小吃，后有点心、糕点；从主食进化到面点，需要一段发展过程。

随着人们就餐形式的改变，原料种类的增多，机械设备的运用，面点技术的提高，使得我国面点的应用范围日益广泛。面点成为一类以粮食、果品、鱼虾及根茎类蔬菜等为主要原料，以包捏技法等为主要手段，并利用馅心及调味料另以组配，再经过熟制而成的色香味形俱佳的食品。这类食品除了传统饮食业供应的品种外，还包括糕点食品厂生产的糕点，它既可作为正餐食品供给人们享用，又可作为小吃、点心食品用来调剂口味；不仅作为食品提供人们物质上的满足，还可作为艺术品给人们以精神上的享受。

总之，面点是用各种粮食（米、麦、豆、杂粮）、肉类、蛋、乳、蔬菜、果品、鱼虾等为原料，并配以油、糖、蛋、乳等多种调料与辅料，将其调制成坯及馅，经成型、熟制而成的具有一定营养价值且色香味形俱佳的方便食品。主要有主食、小吃、糕点、点心和茶食等种类。

糕点是一种食品，是糕和点的总称。它是以面粉或米粉、糖、油脂、蛋、乳品等为主要原料，配以各种辅料、馅料和调味料，初制成型，再经蒸、烤、炸、炒等方式加工制成。糕点品种多样，花式繁多，有3000多种。月饼、蛋糕、酥饼等均属糕点。

点心是正餐之前小食以充饥，糕饼之类的食品。相传东晋时期有一将军，见战士们日夜血战沙场，英勇杀敌，屡建战功，甚为感动，随即传令烘制民间喜爱的美味糕饼，派人送往前线，慰劳将士，以表"点点心意"。自此以后，"点心"的名字便传开了，并一直沿用至今。

其中茶点是在茶的品饮过程中发展起来的一类点心。茶点精细美观，口味多样，形小、量少、质优，品种丰富，是佐茶食品的主体。茶点既为果腹，更为呈味载体。它有着丰富的内涵，在漫长的发展过程中，形成了许多花样不同的茶点类型与风格各异的茶点品种。在与茶的搭配上，讲究茶点与茶性的和谐搭配，注重茶点的风味效果，重视茶点的地域习惯，体现茶点的文化内涵等因素，从而创造了我国茶点与茶的搭配艺术。

中国食文化历史悠久，作为中式餐饮的一部分——中国面点，经过我国劳动人民的长期实践，尤其是面点师们的继承和发展，面点的品种越来越多，包、饺、糕、团、卷、饼、酥，等等。在通过数千年点心师们的创作，它们基本形态也丰富多彩，造型逼真，几何形、象形、自然形，等等。

烘焙食品是由西方引进的，它们虽然食用方便，营养丰富，但是在造型方面相比中国点心来说还是略有逊色。

二、面点的发展

面点是中国烹饪的主要组成部分，素以历史悠久、制作精致、品类丰富、风味多样著称于世。

1.夏商周时期

燧人氏人工取火，使生食变为熟食，扩大了食物的来源，并使食物柔软、可口、有香味，对面点制作技术的发展具有特殊的意义，是面点制作技术形成和发展的首要条件。而原料的生产、加工，调味品的制作，炊具的创制为面点制作提供了物质条件。

在没有文字记载的新石器时代（4000～7000年前），我国黄河流域、江南各地已经有了原始农业和畜牧业，为面点的出现提供了原料。原始的粮食加工用具杵臼和石磨盘之类的设备出现为面点制作奠定了基础。面点熟化用具（炊具）起源很早，在陶器时代就已经发明了陶制的蒸、煮、烤、烙设备。由此可见，在新石器时代已经具备了制作面点所需的原料和用具，可能在那时就已有面点了。邱庞同先生所著《中国面点史》一书认为，"中国面点的萌芽时期定在6000年前左右"。

西周时期，由于农业生产的发展，则提供了较前充裕的原料（如五谷、五畜、五菜、五果、五味之类）；由于手工业生产的进步，则提供了制作工具（如杵臼、石磨、石碓、蒸锅、陶饼铛、青铜刀具等）；再加上早期祭祀和筵宴的需要，有了一批专门从事厨务劳动的奴隶，早期面点始在宫廷中诞生。

根据目前的史料，西周到战国早期的面点约20种。它们的用料主要是用稻米和黍米。可整粒煮，可破碎蒸，还可制成糊状烙；馅料有肉、蜜、酒和花卉，造型多系圆形，其属性介于糕与饼之间；还有的则是将饭、粥、羹、糇等主食加以精制。它的品种有"面"(爆熟磨碎的大麦)、"糜"(米粉与肉酱煮糊)、"饵"(蒸糕或蒸饼)、"(候)粮"(行军的干粮)、"蜜饵"(加蜜的粉饼)、"酏食"(酒发酵饼)、"糁食"(米粉加肉丁制饼油煎)、"(米巨)(米女)"(蜜与米粉和成环状煎熟)、"淳熬"(肉酱油浇大米饭)、"淳母"(肉酱油浇黍米饭)以及"芳糗"、"糗饵"、"粉粥"、"糕糜"等。

这一时期,出现了双扇石磨,开辟了人类从粒食到粉食的新阶段,对面点的制作和发展具有重大意义;调味品(盐、饴、蜜、梅子等)、动物油逐步在面点中使用;青铜炊具的出现和使用,使面点的熟化技术得到提高。

2.秦汉时期

春秋战国时,谷物品已有麦、稻、菽、黍、稷、粟、大麻子等,并已有五谷、九谷、百谷之称。其中麦有大麦、小麦之分,黍、稷、稻也有许多品种。谷物加工技术已从杵臼、石磨盆、棒、碓等发展到石磨。随着油料、调味的生产和青铜炊具的使用,出现了不少面点品种。当时已经出现了油炸、蒸制的面点。

汉代是中国面点发展的一个重要时期,具有承前启后的作用。这一时期随着生产的发展,农作物普遍种植,人们开始以稻米、麦类、高粱等作为主食。制粉设备石磨逐步改进并在民间广泛使用,面粉、米粉加工更为逐渐精细。发酵等面点制作技术的提高,使汉代面点品种增加,并在民间普及,饼饵类食品已在民间流传。主要的面点品种达十余种。特别指出的是,在汉代,饼是一切面制品的统称。

汉代随着石磨的广泛使用、发酵等面点制作技艺的提高,面点品种迅速增加,并在民间普及。崔寔《四民月令》中记述的农家面食有燕饼、煮饼、水溲饼、酒溲饼等。汉末刘熙《释名·释饮食》中详细记述了"饼,并也。溲,面使合并也。胡饼,作之大漫汗也,亦以胡麻着上也。""蒸饼、汤饼、髓饼之属,皆随形而名之也"。其中胡饼为炉烤的芝麻烧饼,蒸饼类似馒头,汤饼为水煮的揪面片,髓饼为动物骨髓、油脂和面制作的炉饼。在汉代刘歆著、东晋葛洪辑抄的《西京杂记》中记述了民间节日吃时令面点的习俗,如九月九,佩茱萸、食蓬饵、饮菊花酒,令人长寿。蓬饵即蓬糕,从而开起了重阳节食糕的先河。

3.魏晋南北朝时期

魏晋南北朝时期是中国面点的重要发展阶段。用石磨磨面粉已经普及。面粉、米粉的加工已用重罗筛出极细的面粉,发酵方法日益成型与普及,并出现了蒸笼等炊事用具和面点成型器具,并广泛使用,面点制作技术迅速提高,品种日益增多,并出现有关面点著作。这一时期的面点在继承汉代面点的基础上迅速发展,旧有品种有所提高,新品种不断涌现。晋人束皙《饼赋》是目前已知最早的保存最完整的面点文献,其中提到了许多面点品。如安乾、豚耳、狗舌、剑带、案成、髓烛、馒头、薄壮、起溲、汤饼、牢丸等。

北魏农学家贾思勰在《齐民要术》中有两篇专门讲述面点。魏晋南北朝时期面点的又一重要特点是文化色彩趋于浓厚,与民俗结合紧密。如元旦与"五辛盘",立春与"春饼",端午与"粽子",伏日与"汤饼"等。

4.隋唐五代时期

隋唐五代时期,随着中外文化的交流,不少胡食、面食西来,部分中国面点东传,面点制作进入全盛时期。如馄饨,有了花形、馅料各异的二十四气馄饨;毕罗的馅料变化有蟹黄毕罗、天花毕罗等;形状有阔片、细长片、方叶形、厚片等。唐代长安出现了面点铺,专卖胡饼、蒸饼、毕罗等等。长安、金陵一些士大夫家中精于饮食,创制出不少面点名品。有加热成熟后颜色鲜艳不损的樱桃毕罗、汤清可注砚的馄饨、可映字的薄饼和能打结的柔韧面条等。

5.元宋时期

元宋时期是中国面点全面发展的阶段,面点品种增加,面点制作技术进步,市肆面点、少数民族面点、食疗面点的发展尤为突出。早期面点流派已产生,有关面点的著作也更加丰富。

宋元时期已出现酵子发面的技艺,油酥面团的制作也趋成熟,并创造了用绿豆粉皮、鸡蛋煎饼包馅制兜子、金银卷煎饼的特殊技艺。《梦粱录》记载的包子就有细馅大包子、水晶包子、笋肉包子、虾鱼包子、江鱼包子、蟹肉包子、鹅鸭包子、七宝包子等。此时面点制作技艺日趋完善,除包子外,面条的制作方法也有多种,有先擀后切成条的,有拉曳成宽长条的,有用汤匙拨面入沸水锅中呈鱼形状的,还有用特制有漏孔的木床压成细条入锅的河漏。此外,还有用模加压成型再经油炸的油酥面点,先捏成型再用剪刀在外层剪出花样的馒头;糕团已能制出寿桃、寿龟、骆驼蹄、梅花饼等多种象形成品。

北宋汴京、南宋临安、元大都等地的面点业十分繁荣,都有专业面点铺,《东京梦华录》中载有专卖包子的、馒头的、肉饼的、胡饼的名铺大店不下十家。其中郑家油饼店有二十余炉,而武成王庙前梅州张家、皇建院前郑家最盛,每家有五十余炉。其市肆之繁荣、面点受民分之喜爱和营业之兴旺不难想象。

6.明清时期

明清时期是中国面点发展的成熟时期,面点的制作技艺更加成熟。面点的主要类别已经形成,每一类面点中都派生出许多具体品种,面点的风味流派基本形成,面点与民间民俗结合更加紧密,面点在饮食中的地位更加突出,面点的有关著作愈加丰富。中外面点交流继续发展,西式面点传入中国,中国面点也大量传到国外。

这一时期,中国面点中的重要品种大体均已出,各风味流派基本形成。主要体现在:

一是制作工艺的深化。不仅出现质地优异的"飞面"和澄粉,发酵方法与油酥面团完善，发明肉冻等特殊馅料，而且成型方法多达 30 余种，并采用混合加热法成熟。

二是花式繁多，新品迭出。一方面，旧有品种不断扩充花色（像面条就推出抻面、刀削面、五香面、八珍面、伊府面、担担面、油泼面、鹅面、鱼面等 40 多个花色），相继载入各种笔记或食谱；另一方面，地方小吃脱颖而出，以特色风味独领风骚（如金陵薄皮包、淮扬三丁包、苏杭汤团、闽粤土笋冻、湘鄂豆腐干、马蜀红油水饺、云贵饵丝、松沪南翔馒头、徽赣鸟饭团、冀豫四批油条、甘宁泡儿油糕、京津狗不理包子、秦晋羊肉泡馍、内蒙古哈达饼、新疆的抓饭等。

三是节令点心定型和筵席点心的规范化。在节令点心中，几乎二十四节，节节有食，月饼有几十种，腊八粥各地不同；在筵席点心中，祭筵有供点，婚筵有喜点，寿筵有寿点，茶果席有茶点，满汉全席有套点，东南西北，各成章法；特别是在民族酒筵中，民族点心五光十色，风情浓郁。

在这种情势下，中国面点体系初步形成。面点有京式、苏式、广式三大流派；小吃有北京、天津、山东、山西、上海、江苏、浙江、福建、安徽、河南、湖北、四川、广东众多分支；点心有北京宫廷御点、山西民间礼馍、苏州市肆粉点、无锡太湖船点、扬州富春茶点、上海南翔花点、广州早茶细点、杭州灵隐斋点、回民开斋节点、满族敬神供点、内蒙古毡房奶点、藏胞标花酥点等著名的系列。百花齐放，五彩纷呈。

7.现代发展

辛亥革命之后，由于世界食品科技迅猛发展，饮食潮流不断变化，以手工方式生产的中国传统面点面临挑战。为了在竞争中图强，面点生产工艺努力革新。首先是注意选用新型原料，如咖啡、蛋片、干酪、炼乳、奶油、糖浆以及各种润色剂、加香剂、膨松剂、乳化剂、增稠剂和强化剂，提高面团和馅料的质量；其次是按照营养卫生要求调整配方，低糖、低盐、低脂肪、高蛋白、多维生素与矿物质；大力开发健美面点、滋补面点、食疗面点和特殊工种的营养面点；再次是积极使用现代机具（如原料处理机具、成型机具、熟成机具、包装机具等），改善成品的外观与内质，减轻劳动强度，提高生产效率；最后是开展科学研究，培训技术人才，出版面点书刊，努力做到配方科学化、营养合理化、生产机械化、风味民族化、储存包装化和食用方便化。这样，面点在饮食中的地位和作用更为突出，越来越受到广大群众的欢迎。

三、面点的风味流派

我国地域广阔，民族众多，各地气候、特产、人民生活习惯的不同，使面点制作在选料上、口味上、制法上，形成了不同风格和浓郁的地方特色。由此产生并形成了面点风味流派。从口味上讲，有南甜、北咸、东辣、西酸之说；从用料上讲，有南米、北面之说；从帮式派系分有"广式""苏式""京式""川式""闽式""滇式"等。我国面点代表性的风味流派主要有京式面点、苏式面点、广式面点和四川面点。

京式面点：具有用料丰富、品种众多、制作精致、风味多样等特色。

苏式面点：制作精细，讲究造型，馅心多样，善做糕团、面条、饼类等食品，品种繁多，应时迭出。

广式面点：品种丰富多样，以讲究形态、花色、色彩著称，制作精细，用料广泛，口味清淡爽滑。

四川面点：源于民间，历史悠久，品类众多，用料广泛，风味独特，具有浓郁的地方特色。

四、面点的发展趋势

1. 快餐面点

当今快节奏的生活方式，让人们常常要求在短时间内，如几分钟内吃到或拿走配膳科学、营养合理的快餐食品。因而快餐面点有着广阔的发展前景。快餐面点应是能够标准化、规模化生产的面点品种。

2. 速冻面点

随着社会的发展和科学技术的提高，面点的不少品种已经从手工操作转向机械化生产，许多大众化的面点能够批量生产。传统面点通常都是现吃现做，无法满足现代人们对面点快速、经济、方便的要求，因而速冻面点的产生成为必然。如速冻饺子、速冻馄饨、速冻汤圆、速冻包子、速冻馒头、速冻花卷等。速冻面点具有便于贮藏、运输的特点，既能满足人们随时快速、方便煮食，还能随时吃到东西南北各地的风味面点，并有助于中国面点打入国际市场。

3. 保健面点

随着经济的发展和人民生活水平的提高，人们越来越注重食品的保健功能。利用原料营养的自然属性制成面点，既有益于健康、延年益寿的功能，又有预防疾病、辅助疗效的作用。如儿童的健脑食品，适合老年人的长寿食品，低热量、低脂肪、多膳食纤维、维生素、矿物质适合现代人需要的面点品种等。因此保健面点是面点发展的又一条重要出路。

第二节　面点的分类和种类

一、面点的分类方法

1.按原料分:麦类制品、米类制品、杂粮制品、其他制品。

2.按成熟方法分:蒸制类、煮制类、烙制类、煎制类、烤制类、复合制类。

3.按形状分:包类、饭类、糕类、饺类、团类、条类、粥类、羹类、冻类等。

4.按口味分:甜味、咸味、甜咸味、咸甜味、本味等。

5.按地方特色分:广式、苏式、京式、川式、晋式等。

6.按面坯特点分:水调面团、蓬松面团、层酥面团、米制品面团、杂粮面团、其他面团。

7.按工艺分:主要有油酥类、混糖类、浆皮类、炉糕类、蒸糕类、酥皮类、油炸类、其他类。

8.按地区分:主要有12个流派:京派、津派、苏派、广派、潮派、宁派、沪派、川派、扬派、滇派、闽派和西点。

二、面点的种类

1.包类

包类主要指各式包子,属于发酵面团。其种类花样极多,根据发酵程度分为大包、小包;根据形状分为:提褶包,如:三丁包子、小笼包等;花式包,如寿桃包、金鱼包等;无缝包,如:糖包、水晶包等。

2.饺类

饺类是我国面点的一种重要形态,其形状有:木鱼形,如水饺、馄饨等;月牙形,如蒸饺、锅贴、水饺等;梳背形,如虾饺等;牛角形,如锅贴等;雀头形,如小馄饨等;还有其他象形品种,如花式蒸饺等。按其用料分则有:水面饺类,如水饺、蒸饺、锅贴;油面饺类,如咖喱酥饺、眉毛饺等;其他类,如澄面虾饺、玉米面蒸饺、米粉制的红白饺子等。

3.糕类

糕类多用米、面粉、鸡蛋等为主要原料制作而成。米粉类的糕有:松质糕,如:五色小圆松糕、赤豆猪油松糕等;黏质糕,如:猪油白糖年糕、玫瑰百果蜜糕等;发酵糕类,如:伦教糕、棉花糕等。面粉类的糕有千层油糕、蜂糖糕等。蛋糕类有清蛋糕、花式蛋糕等。其他还有，山药糕、马蹄糕、栗糕、花生糕以及用水果、干果、杂粮、蔬菜等制作的糕。

4.团类

团类常与糕并称糕团，一般以米粉为主要原料制作，多为球形。品种有：生粉团，如：汤团、鸽子圆子等；熟粉团，如：双馅团等。其他还有果馅元宵、麻团等品种。

5.卷类

用料范围广，品种变化多。品种有：酵面卷，可分为卷花卷，如四喜卷、蝴蝶卷、菊花卷等；折叠卷，如猪爪卷、荷叶卷等；抻切卷，如银丝卷、鸡丝卷等；米（粉）团卷，如如意芝麻凉卷等；蛋糕卷，如果酱蛋糕卷等；酥皮卷，如榄仁擘酥卷等；饼皮卷，如芝麻鲜奶卷等。其他还有春卷等特殊的品种。

6.饼类

饼类是我国历史悠久的品种之一。根据坯皮的不同可以分为：水面饼，如薄饼、清油饼等；酵面饼类，如黄桥烧饼、酒酿饼等；酥面饼类，如葱油酥饼、苏式月饼等；其他还有米粉制作的煎米饼，蛋面制作的肴肉锅饼，果蔬杂粮制作的荸荠饼、桂花粟饼等。

7.酥类

酥类大多为水油面皮酥类。按照表现方式分有：明酥，如：鸳鸯酥油、萱化酥，藕丝酥等；暗酥，如：双麻酥饼等；半暗酥，如：苹果酥等。其他还有桃酥、莲蓉甘露酥等混酥品种。

8.其他类

除了前面已提到的面点形态外，还有一些常见的品种，如：馒头、麻花、粽子、烧卖等，也是人们所喜爱的。

第三节　中式面点的特征和作用

一、中式面点的特征

1.取料广泛、选料精细

中式面点的取料十分广泛，除了面粉等主要原料外，各种动植物几乎都可以用来制作面点的馅心。我国幅员辽阔，物产丰富，地理环境和多种气候条件为动植物的生长提供了不同的自然条件，这就为中式面点制作提供了丰富的原料。再加上人口众多，各地气候条件不一，人们生活差异也很大，各地特产都具有浓厚的地方特色，各地区、各民族的饮食交流，为各地面点的特色制作提供了物资基础。经过历代面点师的反复实践，在使用中能够更合理、更科学、更巧妙地运用各种原料，几乎凡是可以入馔的食物原料都可以采用，通过合理选择、搭配，便制作出了各地区各民族独具风味特色的面点品种。特别是在选料上，相当精细，只有将原料选好了，才能制出高质量的面点，如：制作兰州拉面宜选用高筋面粉，制作汤圆宜选用质地细腻的水磨糯米粉；米类选用粒形均匀、整齐、具有新鲜米味、光泽明亮等优质米产品；干果宜用肉厚、体干、质净有光泽的产品。

2.品种繁多、制作精细

中式面点品种繁多，由于各地制作在原料选用、加工方法、成熟技法、造型口味等方面的不同，形成了众多的品种。同时受地域、物产、习俗等因素影响，各地面点形成了各自独特的风格特色，并产生了不同的风味流派，如京式、苏式、广式、川式、少数民族面点等。各地区、各民族、各风味流派间的饮食文化交流、制作技术交流，相互取长补短，不断地推陈出新，促进了面点技术的发展，也使面点品种更加丰富。如不同馅心的就有包子，如：鲜肉包、菜肉包、叉烧包、豆沙包、水晶包，水饺有三鲜水饺、高汤水饺、猪肉水饺、鱼肉水饺等；同样一种原料，制作的不同形状，如：面条、蒸饺、锅贴、馒头、花卷、银丝卷等，米粉制品中的糕类粉团有凉糕点、年糕、发糕、炸糕等品种。

随着社会经济的发展和人们生活水平的提高，对面点制品的要求已不仅仅是吃饱，在就餐时希望能增添美的享受。因此，面点制品向着越来越精细的程度发展，在制作上，讲究制作精细，如包子的褶要求有多少个，龙须面细可穿针，寿桃包、葫芦包，油酥类的海棠酥、茶壶酥、小鸡酥等都屡见不鲜，面点造型越来越有艺术性。

3. 注重口味、讲究馅心

中国面点历来重视馅心的调制，并把它看作是决定面点风味的关键。中式面点大多是带有馅心的，馅料的好坏除了能决定面点的口味，对制品的色、形、质也都有很大影响。馅料用料主要体现在馅心用料十分广泛，种类繁多，选料讲究，制作精细，突出地方风味特色。有肉、鱼、虾、蛋、乳、蔬菜、果品等，种类丰富多样。不仅注重选料，更加注重口味，我国自古就有南甜、北咸、东辣、西酸之说。因此，在中点馅心上体现出来的地方风味特征就显得特别浓郁。如：广式面点馅心多具有口味浓醇、卤多味美。在这方面，广式的蚝油叉烧包、京式的天津狗不理包子、苏式的淮安汤包等举世闻名的中华名点，均是以特征馅心而著称于世的。

4. 技法多样、造型美观

中式面点具有艺术性强，技艺精湛，色、香、味、形俱佳的特点。制作中非常注意形象的塑造，强调人的视觉、味觉、嗅觉、触觉美的享受，而不单纯追求果腹的目的。

面点通过各种技法可形成各种各样的形态，造型美观逼真。面点成型是面点制造中一项技能要求高、艺术性强的重要工序，经过包、捏、卷、按、擀、叠、切、摊、剪、搓、抻、削、拨、钳花、滚粘、镶嵌、模具、挤注等技法，构成各种各样的形状。丰富了面点的花色品种，并造型漂亮美观。如：包中有形似蝴蝶的馄饨、形似石榴的烧卖等，卷可构成秋叶形、蝴蝶形、菊花形等造型。再如：姑苏的船点便是经过多种成型技法，再加上色彩的装备，捏塑成南瓜、桃子、枇杷、西瓜、菱角、兔、猪、青蛙、天鹅、孔雀等象形物，色彩鲜艳、形状逼真。

5. 量大面广、方便快捷

在我国，中式面点制品的消费群体非常广大，属于大众化的消费。因此中式面点作为商品，它的发展也立足于市场，向着便捷化的方向发展。如今的超市商店中随处可以买到包装好的各式中式面点，有速冻的水饺、包子、汤圆、粽子和软包装的各种糕团点心等。这类商品购买便捷、食用便捷，有的可直接食用，有的仅需要简单的加热即可成熟。这大大方便了人们的就餐，节省了时间。而且这类面点经过妥善的储存保鲜，在味道上也与新鲜制品相差不大，满足了人们对于美味的感官需求。目前，中式面点的工业化生产渐渐代替了纯手工生产，节约了人力，提高了效率，更适应了国内外的消费需求。机械化、标准化已成为面点加工的主流。标准化的生产工艺可以保证制品的大小、口味一致，同时对食品的安全和卫生有了很好的保障。将每一种面点制品的制作，都划分为和面、分剂、调馅、成型与熟制等若干环节，每一环节都有严格的操作规范和质量要求，确保成品的一致性和标准化。

6. 注重营养、保健养生

在确保美味的同时，灵活选取各种食品原材料，运用其有益成分来保健养生是未来中式面点发展的又一趋势。为了改善长期食用精白米面造成的营养不均衡，在坯皮制作中可加入南瓜、玉米、紫薯等粗粮，其中所富含的天然色素和天然抗氧化物质可以促进人体健康。粮食精加工的下脚料，例如麦麸、米糠等，也开始被人们利用起来，这些粗粮及下脚料可以提供大量的膳食纤维和维生素。此外，大量蔬果、鲜花的利用，更是丰富了中式面点的品种，提高了营养价值。富含各种天然色素的蔬果汁可以和制出各种颜色的面团，鲜花可以做馅制成鲜花饼等点心。传统的工艺加上新型的原料，使中式面点焕发出新的生命力。蔬果、鲜花中富含水分，有大量的无机盐、维生素、天然果胶等，对增进食欲、平衡膳食大有益处。药食同源的原料也将被大量利用于中式面点的制作中。国家卫生健康委员会先后将枣、山药、黑芝麻、木瓜、百合、枸杞、薄荷与荷叶等一系列原料归为药食同源食物。这些原料的挖掘使用是开发功能性面点的基石。在食用这类面点时，除了可以享受到美味外，还可以起到保健的功效。这些药食同源的食物富含生物活性成分，它们是使面点具有功能性的关键。功能性面点的开发与利用为很多特殊人群带来福音。每个人都可以根据自己的情况选取适合的面点制品，如糖尿病人可以选取低糖或无糖点心，用脑较多的学生可以选取富含健脑成分的食物，年轻白领们为了保持身材可以选用抗性淀粉制成的面点，既能饱腹，能量也不会很高。

7.历史文化底蕴深厚

面点制品不仅仅是果腹的食品，更重要的是它还承载着中国几千年来的饮食文化，联结着一代又一代的中国人，它的产生与发展依托于人民的智慧以及生活经验的不断积累。因此，中式面点的制作技艺及文化内涵是我国的文化遗产。过年吃饺子、端午吃粽子、中秋吃月饼早已经成为中国人的习惯，它富含着浓厚的饮食文化、民俗学特征。随着社会的不断进步，我国越来越重视面点文化及制作技艺方面的传承。早在2008年，国家公布的第二批非物质文化遗产名录中，首次出现了面点制品及技艺的传承与保护，例如龙须拉面和刀削面制作技艺、抿尖面和猫耳朵制作技艺、周村烧饼等。近年来，各省市也逐渐开启了非物质文化遗产申报及保护工作。具有悠久历史以及较高民众认可度的面点食品及其制作技艺逐渐走上了非遗文化传承与保护的道路。这使得中式面点的文化性被持续挖掘，越来越多的人愿意在满足口腹之欲的同时，多方面了解面点制品背后的故事以及它的发展历程。中式面点在融合了色香味形的同时，还增添了文化的要素，改变了传统的饮食形式，增添了饮食的文化性与趣味性。自古以来，中国面点与中华民族的时令、风俗有着密切关系。在年节、人生礼节、喜庆活动中出现了节日面点、人生礼仪喜庆面点等食俗面点。食俗面点丰富多彩，既是人们改善物质生活的需要，也是人们对饮食文化的创造。如饺子、元宵、粽子、月饼、馓子、饵丝等。

面点制作又有季节性。不同的季节，物产不同，人们对食物口味要求不同。

如春季做春卷、春饼、艾窝窝;夏季做凉面、凉糕、八宝莲子羹;秋季做蟹黄包子、桂花藕粉;冬季做羊肉汤面、牛肉面等。

二、中式面点的作用

1.中式面点是餐饮业的组成部分

从餐饮业的生产来看,主要有两个部分:一是菜品烹调,行业称为"红案";一是面点制作,行业称为"白案"(或面案)。二者构成了餐饮业的全部生产经营业务,而且这两个部分,又是密切相关,互相配合不可分割的。例如,肉末烧饼的炒肉末和烙烧饼,烤鸭的鸭肉与荷叶饼等,都是分不开的,否则就形成不了这些品种的特色,特别是正餐的主、副食结合和筵席上的点心,都体现了两个部分的联系。同时,面点制作还具有相对的独立性,即它可以离开菜品烹调而单独经营,如专门经营面点的面食馆、糕团店、包子和饺子店,经营小食品的早点、夜宵、点心铺等。

2.面点制品是人们生活中的必需品

它具有较高的营养价值,应时适口,既可以在饭前或饭后作为茶点品尝,又能作为主食,因而能够满足各类消费者的不同需要。

3.彰显宴会主题

不同的筵席有着不同的宴会主题,不同主题的宴会,在面点制作品种,要选择一些与宴会主题相关的品种,突显宴会主题。如婚宴,选择制作一些"并蒂莲""鸳鸯酥"等;寿宴选用"寿桃""仙鹤"等寓意产品,以此显示宴席的主题。

第二章

厨房面点制作设备与工具

我国大部分面点多以手工操作为主。但是，随着社会和科技的发展，为适应饭店的快捷、高效、节约成本等因素，越来越多的传统手工操作被机器加工所取代，使得面点朝着卫生、快捷、高效的方向发展。面点常用设备种类繁多，除传统的面点常用工具以外，随着社会的发展，工业化程度的提高，研发、开发和使用了新设备、新工具及模具，市场上出现很多新型面点设备来提高加工速度，提高工作效率。

第一节　初加工机器设备

一、和面机

和面机又称拌粉机，属于面食机械的一种，其主要就是将面粉和水进行均匀地混合。螺旋搅匀由传动装置带动在搅拌缸内回转，同时搅拌缸在传动装置带动下以恒定速度转动。缸内面粉不断地被推、拉、揉、压，充分搅和，迅速混合，使干性面粉得到均匀的水化作用，扩展面筋，成为具有一定弹性、伸缩性和流动均匀的面团。

和面机有卧式与立式两种结构，也可分为单轴、多轴或间歇式、连续式。

卧式和面机的搅拌容器轴线与搅拌器回转轴线都处于水平位置；其结构简单，造价低廉，卸料、清洗、维修方便，可与其他设备完成连续生产，但占地面积较大。这类机器生产能力（一次调粉容量）范围大，通常在25～400kg/次。它是国内大量生产合格食品厂应用最广泛的一种和面设备。

操作规范：

使用前先将和面机清洗干净，放入面粉和水，不要过量以免损坏机器，如需要和的面较多，需分两次或多次搅拌。面、水放好后，关上挡板后，再通电。

和面时，要取正反两个方向来搅拌，以便使面和得均匀。如搅拌不均或掉入脏物时，需要用手调整或取面时，必须先关闭电源停机。

和面机搅拌完毕后，关掉电源，停机后取面。每次要把残渣清理干净。不可在和面机内发面，以防腐蚀和面机。

如发现和面机漏电等故障，应马上切断电源停机，找电工修理，不得私自开机修理。

使用前，参考和面机使用说明书要求。不严格按操作规程使用，出现问题后果自负。

立式和面机的搅拌容器轴线沿垂直方向布置，搅拌器垂直或倾斜安装。结构形式与立式打蛋机相似，只是传动装置较简单。有些设备搅拌容器做回转运动，并设置了翻转或移动卸料装置。立式和面机结构简单，制造成本不高。但占用空间较大，卸料、清洗不如卧式和面机方便。直立轴如长期工作会使润滑剂泄漏，造成食品污染。

二、压面机

压面机又称压片机、滚压机，是由机身架、电动机、传搅拌轴送带、滚轮、轴具调节器等部件构成。它的功能是将和好的面团通过压辊之间的间隙，把面团从厚而薄地轧压成所需厚度的皮料（即各种面团、卷、面皮），以便进一步加工。压面机的作用是使面团中的面筋质进一步形成细密的网络，并使面团成为一定厚度的具有可塑性、延伸性。

用途：该机可将面类物料加工成面片或面条形状，广泛应用于面食加工厂、部队食堂、餐饮企业等。

三、绞肉机

绞肉机是肉类在生产过程中将原料肉按不同工艺要求加工规格不等的颗粒状肉馅，以便于同其他辅料充分混合来满足。绞肉机利用转动的切刀刃和孔板上孔眼刃形成的剪切作用将原料肉切碎，并在螺杆挤压力的作用下，将原料不断排出机外。可根据物料性质和加工要求的不同，配置相应的刀具和孔板，即可加工出不同尺寸的颗粒，以满足下一道工序的工艺要求。

操作规范：
1.电动绞肉机使用前先清洗各部分可清洗的零件。
2.组装好后通电，待机器运转正常后，再添加肉块。
3.绞肉前，请先将肉剔骨切成小块(细条状)，以免损坏机器。
4.通电开机，待运转正常后，再添加肉块。
5.添加肉块一定要均匀，不能过多，以免影响电机损坏，如发现机器运转不正常，应立即切断电源，停机后检查原因。
6.如发现漏电、打火等故障，应马上切断电源，找电工修理，不得私自开机修理。
7.使用完后关闭电源，然后将各部件清洗干净，沥干水后，放于干燥处备用。
8.使用前，参考使用说明书要求。严格按操作规程使用。

四、拌馅机

拌馅机是用于混料的必备设备，是制作风干肠类产品、粒状、泥状混合肠类产品、丸类产品的首选设备，同时也是生产水饺、馄饨类面食产品的可选设备。

五、案台

1.木质案台

木台面大多用6～10厘米厚的木板制成，底架一般有铁质的、木质的几种。台面的材料以枣木为最好，柳木次之。案台要求结实、牢固、平稳，表面平整、光滑、无缝。此为传统案台。

2.不锈钢案台

不锈钢案台一般整体都是用不锈钢材料制成，表面不锈钢板材的厚度在0.8～1.2mm，要求平整、光滑，没有凸凹现象。由于不锈钢案台美观大方，卫生清洁，台面平滑光亮，传热性质好，是目前各级饭店、宾馆采用较多的工作案台。

3.大理石案台

大理石案台的台面一般是用4厘米左右厚的大理石材料制成，由于大理石台面较重，因此其底架要求特别结实、稳固、撑重能力强。它比木质案台平整、光滑、散热性能好、抗腐蚀力强，是做糖艺的理想设备。

4.塑料案台

塑料案台质地柔软，抗腐蚀性强，不易损坏，加工制作各种制品都较适宜，其质量优于木质案台。

第二节　面点成型加工设备

一、包子机

包子机可生产各种包子,如豆沙包、小笼包、肉包、菜包、南瓜饼、小笼包等。
性能特点:

1.双变频调节,性能更稳定;先进的输面、进馅系统,充分保护面的劲道,真正不伤面,保证包子质感。给馅更加流畅、均匀,不论何种馅料均能使包子成型效果绝佳;制品气孔均匀细腻,弹韧性、持水性绝佳,且制品表面光亮细腻、花纹整齐、口感滑爽,远远超过手工制作的产品。

2.该机采用高品质微电脑控制,具有人性化的控制面板,使控制准确可靠。5分钟即可自如操作;自动化程度高,定量准确,使得制品大小统一,皮馅比例20～150克,随意可调,一两人均可操作。

3.产品多样化,可生产各种包子、南瓜饼、小笼包等各种包馅产品,工作效率高。

4.机身轻巧,占地少,移动方便。主要机件采用不锈钢制作,外形美观,符合国家食品安全标准。

二、馒头机

馒头机是一款行业创新型小家电产品。主要用于生产各种馒头,具有清洁卫生工作效率高的特点。可以被广泛使用丁厂矿企业、食堂、旅馆、饭店、部队、招待所及学校部门的食堂以及个体经营户等。制作出来的馒头比手工揉制的馒头食之有口劲,香而可口,不影响馒头的口感。

三、月饼机

月饼机主要用于各种普通月饼及精致月饼的生产制作。本机操作简单,使用维修方便,质量和性能稳定,压制出的月饼具有形状绝佳、质量高等特点,特别适应于广大月饼生产厂家使用。

四、饺子机

目前,国内生产的饺子成型机为灌肠式饺子机。使用饺子机时先将和好的面、馅分别放入面斗和馅斗中,在各自推进器的推动下将馅心挤入馅料管,通过滚压、切断,做成单个饺子。

特点:自动成型好。按照饺子的成型特点,采用双控双向同步定量供料原理,生产时不需另制面带,只需将面团与馅料放入指定入口,开机即可自动生产出饺子。

性能:可控性强,馅量、面皮厚薄随时可调,生产出的饺子,皮薄馅满,生产速度快,省工省时;只需更换模具,就可以制造出不同形状、不同规格的面点食品。如普通饺子、花边饺子、四方饺、锅贴、春卷、咖喱饺、馄饨、面条等。精工制造:为了适应现代食品行业的安全、卫生要求,饺子机的主要部件采用食品专用不锈钢材料生产,输面及成型部件采用特种防黏结技术材料精工制造,阻力小、成型好、耐磨耐压,拆装、清洗方便,经久耐用。

五、面条机

用途:该机可连续性、一次性将面粉加工成面条、面片。

特点:该机采用电控制系统,自动化程度高,整条生产线由一到两人操作即可。轴采用波纹轧辊,增强面皮的延展性,且口感好。机器运行平稳,能耗低,操作维修方便。

六、磨浆机

磨浆机又称湿法粉碎机,主要由动磨盘、静磨盘、进料斗、机体、电动机、调整装置和尼龙网筛等部件构成。其原理是通过磨盘的高速旋转,使原料呈浆蓉状,以供进一步加工之用,主要用来磨制豆类和谷类,如豆浆、米浆等。

七、切菜机

切菜机是刀刃与菜成一定角度的一种食品机械。

切菜机采用半月刀盘和半月调节盘结构,不需更换刀片,只需使用不同料斗,扳动开关即可进行切丝或切片工作。是萝卜、土豆、芥蓝头、红薯等瓜果类蔬菜切片或切丝的理想厨房设备。切菜机的组成部分主要有机架、输送带、压菜带、切片机构、调速箱或塔轮调速机构等。用于瓜薯类硬菜的切片,片厚可在一定范围内自由调节,竖刀部分可将叶类软菜或切好的片加工成不同规格的块丁、菱形等各种形状。切菜长度通过"可调偏心轮"在一定范围内任意调整。因竖刀模拟手工切菜原理,加工表面平整光滑,成型规则,被切蔬菜组织完好,保持新鲜。

有单切型切菜机和多功能型切菜机之分。

单切型切菜机适用于片、段、丝、块茎、叶菜、海带等。

多功能型切菜机包含单切机的所有功能的同时,也可切圆形如土豆、萝卜等。可将根、茎、叶等蔬菜加工成片、丝、丁、菱、曲线、花丁、花片等。切片装置用于硬菜(萝卜、土豆、水果、薯类)的切片,厚度在1~10mm内自由调整;往复竖刀将刀成的菜片或软菜(韭菜、芹菜)切成直丝或段、曲线丝、方丁输送带每次移动距离1~20mm自由调整。所调整量即为丝段的宽度;应注意被切菜直径较粗时(大于30mm)出片效果才好,便于切丁,直径较小时切出的片或丁将会杂乱。被切菜加工面平整光滑、规则,组织完好,保持手工切制的效果。

八、洗菜机

洗菜机是一款专门清洗水果蔬菜的机器,有商用洗菜机和家用洗菜机两大类。

蔬菜清洗是蔬菜加工和净菜生产中必不可少的工序之一。过去,蔬菜清洗主要依靠手工,其机械化程度很低;现有的蔬菜清洗机有振动喷淋式和滚筒式两种。振动喷淋式蔬菜清洗机有两个清洗池,蔬菜先在振动清洗池中做往复运动,进行初步清洗,然后进入喷淋池中用清水喷淋,完成整个清洗过程。该清洗机耗水量大,对叶类蔬菜有较大的损伤。

滚筒式清洗机的主体是一个倾斜的金属网状圆柱形旋转体,在圆柱的中心轴部位装有许多喷嘴的喷射水管,蔬菜随圆柱不停转动的同时受到喷射水流的冲刷作用,达到清洗的目的。该清洗机只能完成土豆、山芋等根茎类蔬菜的清洗,且清洗时对蔬菜损伤较大,不能应用于叶类蔬菜的清洗。

无论是振动喷淋式或滚筒式,商用洗菜机主要还是以清洗水果、蔬菜表面的泥垢和污物为主要目的。

第三节　面点常用成熟设备

一、炉灶设备

燃气灶的种类比较多，按使用气种分，有天然气灶、人工煤气灶、液化石油气灶三种；按材质分，有铸铁灶、不锈钢灶、搪瓷灶等，按灶眼分，有单眼灶、双眼灶、多眼灶；按点火方式分，有电脉剖点火灶、压电陶瓷点火灶等；按安装方式分，有台式灶、嵌入式灶。燃气灶具有燃烧性能稳定，调节火焰大小自如、噪声小、燃烧中产生有害物质少的特点。

二、蒸煮设备

1.蒸炉

蒸炉是多年来在中国市场流行非常广泛的一种烹调工具。顾名思义，它的主要作用是蒸，其原理与平常家用蒸炉蒸食物是一样的。蒸炉按供能方式的不同来划分，可分为煤蒸炉、燃气蒸炉、电蒸炉。煤蒸炉已经基本上退出市场，而燃气蒸炉、电蒸炉已经在市场上占据了主导地位。

2.蒸煮炉

燃烧型蒸煮灶（即传统是火蒸煮灶）是利用煤或柴油、煤气等能源的燃烧而产生热量，将锅内水烧开，利用水的对流传热作用或蒸汽的作用使生坯成熟的一种设备。现大部分饭店、宾馆多用煤气灶，主要是利用火力的大小来调节水温或蒸汽的强弱使生坯成熟。它的特点是适合少量制品的加热。在使用时一定要注意规范操作，以确保安全。

3.蒸箱

蒸箱，现代烹饪设备，用动态蒸汽平衡技术，烹饪过程能保留食物的原有营养成分。外形美观、占地小、节能、容量大，具有温度显示、压力显示、蒸制时间设定、语音提示、自动进、排汽、蒸汽稳压器等智能化控制系统，同时和先进的馒头加工工艺相配套的食品设备。

4.饧发箱

饧发箱是根据发酵原理和要求而进行设计的电热产品，它是利用电热管通过温度控制电路加热箱内水盘的水，使之产生相对湿度为80％～85％、温度35℃～40℃的最适合发酵环境，帮助造型方便，使用安全可靠等优点，是提高生产质量必不可少的配套设备。

发酵箱为箱式结构，设有宽敞的玻璃视窗，便于用户观察发酵情况，设有活动不锈钢圆棒作为层架，可任意拆卸，方便用户发酵不同规格的产品。

5.蒸汽夹层锅

蒸汽夹层锅在面点制作中有比较大的优势，操作简单，熬煮馅心不易焦糊，煮面条、馄饨、饺子也非常方便。操作时将夹层锅中的冷凝水放尽，再旋阀门，打开蒸汽阀门，蒸汽夹层锅就可以加热升温。随着压力的增大，锅壁的温度可超过100℃。蒸汽夹层锅有两种，一种是固定式，另一种是可倾式。

三、煎、炸、烤设备

1.电炸炉

使用时应保持油锅内的油面高度大于1/4油锅深度，但最高油面高度不能大于2/3油锅深度。

按照说明书操作，保证油温在设定的温度范围内恒温。

锅盖为保持清洁和保温而制成，加盖时应注意盖子上没有水，以免水珠滴入锅中热油飞溅伤人。

炸炉都附有专用的炸篮，供炸制食品，篮上有挂钩及把手。制作时把篮体浸入油中，也可选择将食品直接放入油锅内进行炸制，再用炸篮捞出。

需清倒锅内剩油时，应先待油温降到常温后，把炸篮及护板取出，切断电源，再进行清理。

应使用植物油，严禁使用旧油。

2.电饼铛

电饼铛是一个烹饪食物的工具，上下两面同时加热使中间的食物经过高温加热，达到烹煮食物的目的。

电饼铛使用220V电源，电热丝加热，铝质锅面，上下火自动控温，适合于店面或各种流动场所经营，适用于公婆饼、香酱饼、千层饼、掉渣饼、葱油饼、鸡蛋饼、煎饺等各式饼类的制作，也可以做烧烤，如铁板烧、煎鱼等。

结构特点：

结构独特的导油槽，能将使用中溢出的油脂重新导回铛底。

选用性能优良的电子元件，发热管采用高碳钢材质，干烧也不会损坏，安全可靠，使用寿命长。热效率高，省时省电。

发热盘均采用一次压铸成型、密度高强度大，不变形，受热均匀。

上下盘同时加热，食物两面同时均匀受热，并有自动控温，调温装置，当内部温度达到设定值时，加温自动停止。

外壳采用酚醛树脂为原料,具有无毒、无味、耐磨、安全、卫生等特点。

3.烤箱

烤箱可分为电热式烤炉和燃气式烤炉两种。按照层数又可分为单层、双层、三层、多层等。按照用途可分商用和家用两种。用于烘烤类面点制品制作。

四、电磁设备

1.微波炉

微波炉,顾名思义,就是用微波来煮饭烧菜的。微波炉是一种用微波加热食品的现代化烹调灶具。

烹饪技巧:根据食物的性状加热,食物的本身温度越高,烹调时间就越短;夏天加热时间较冬天时短。食物量与加热时间成正比,食物越多加热时间越长。一般来说,浅而圆直边的容器盛装食物,加热较快且均匀,应优先选用。由于微波对外围的食物加热较快,所以要把厚实粗大部分向外,细小部分排在容器中间并放射状置于盘中,以便让不易熟的厚部分多吸收微波能量。

2.电磁炉

电磁炉又名电磁灶,是现代厨房革命的产物,它无须明火或传导式加热而让热直接在锅底产生,因此热效率得到了极大的提高。宅是一种高效节能厨具,完全区别于传统所有的有火或无火传导加热厨具。电磁炉是利用电磁感应加热原理制成的电气烹饪器具。

(1)优点

①加热速度快——电磁炉能使锅底的温度在15秒内升到300度以上,速度远快于油炉及燃气炉,大大节约烹调时间,提高出菜速度。

②节能环保——电磁炉无明火,锅体自身发热,减少了热量传递损失,因而其热效率可达80%至92%以上,而且无废气排放,无噪声,大大改善了厨房环境。

③多功能性——电磁炉"炒、蒸、煮、炖、涮"样样全行。

④容易清洁——电磁炉没有燃料残渍和废气污染,因而锅具、炉具都非常容易清洁,这在其他炉具是不可想象的。

⑤安全性高——电磁炉不会像煤气那样,易产生泄漏,也不产生明火,安全性明显优于其他炉具。特别是,它本身设有多重安全防护措施,包括炉体倾斜断电、超时断电、干烧报警、过流、过压、欠压保护、使用不当自动停机等,即使有时汤汁外溢,也不存在煤气灶熄火跑气的危险,使用起来省心。尤其是炉子面板不发热,不存在烫伤的危险,令老人和儿童备感放心。

⑥使用方便——民用电磁炉的"一键操作"指示非常人性化。

⑦经济实惠——电磁炉是用电大户,但由于加热升温快速、电价相对又较低,

计算起来，费用比煤气、天然气都要便宜。

⑧减少投资——商业电磁炉比传统炉灶需要厨房空间要少得多，因无燃烧废气，故减少部分给排风装置的投资，并且免除了煤气管道的施工和配套费用。

⑨精确温控——电磁炉可精确控制烹饪温度，既节能又保证食品的美味，更重要的是有利于中餐菜肴制作标准的推广。

⑩电磁炉与微波炉单一的功能比较起来，蒸、煮、煎、炒、炸样样全能，也可作家用火锅及商用火锅，火力可随意调整，而且能自动化保温。

（2）缺点

①温升特别快，开炉之前应做好准备工作，否则，容易发生空锅干烧，缩短锅具和电磁炉的使用寿命；

②电磁炉发生故障概率比传统炉具要高，维修起来要麻烦一些，若发生故障，没有备用炉会影响经营；

③电磁炉的功率与锅具密切相关，因此对锅具要求较高，锅的通用性较差；

④电磁炉工作时，锅底与锅身的温度相差较大，烹调时，如果不及时翻动锅底容易烧焦；

⑤民用普通电磁炉通常是平面板，要求使用平底锅，而浅底平锅，翻炒时不像传统那么方便；

⑥电磁炉面板上显示的功率、温度都是程序事先设置好的，与实际功率和温度都会有较大差异；

⑦还没有汤汁外溢自动关机功能的电磁炉；

⑧电磁炉无明火，一般人难以直观掌握火候，专业厨师从明火改为电磁炉需要较长时间适应；

⑨电磁炉产生的磁场由于不可能100%被锅具吸收，部分磁场从锅具周围向外泄漏，形成电磁辐射。

3.光波炉

光波炉是一种家用烹调用炉，号称微波炉的升级版，光波炉与微波炉的原理不同。光波炉的输出功率多为七八百瓦，但它具有特别的"节能"手段。光波炉是采用光波和微波双重高效加热，瞬间即能产生巨大热量。

优点：

①油饼、油条等油煎食品再加热：油饼与油条等放置一定时间后，容易吸潮而变得腻涩，且含有较高脂肪（脂肪含量：油饼22.9%，油条17.6%）。用光波/热波炉加热，不但可以让油条与油饼恢复原状，去除油腻，还可以大大降低脂肪含量。

②花生、瓜子等坚果食品再加热：花生、瓜子等放置一段时间后，便因回潮而产生涩味。用光波/热波炉加热，便可以去除涩味，恢复香脆可口的原质。

③小吃甜饼等食品再加热:外卖的糕点、饼干、巧克力等,时间长了便容易发霉,保存一段时间后,对其进行再加热便可避免发霉。

④肉类食品再加热:一般肉类食品脂肪含量在37%左右,胆固醇含量在0.08%左右。对肉类食品再加热,不但可以恢复原味,还可以大大降低脂肪与胆固醇含量。

第四节　面点制作常用工具

一、锅具

铁锅、平底煎锅、不锈钢锅是面点制作过程中比较常用的。

1.铁锅

可分为生铁锅和熟铁锅。

2.煎锅

煎锅是一种热效率高，使用寿命长，能够进行煎、烙的现代化炊具。使用起来清洁卫生，没有辐射，省时省力，按照材质可分为不锈钢、铁质、不粘涂层等。不粘锅使用时注意不能使用金属锅铲，尽量使用竹制、木质、硅胶锅铲，避免碰伤和刮伤涂在表面的不粘涂层。

3.炸锅

炸锅一般用于炸制面点制品，常用的有半圆形铁锅和老式铸铁平底锅。

半圆形铁锅用途较广，如炸制南瓜饼、麻球等。老式铸铁平底锅主要用于生煎包、锅贴、油条、油徽子、鸡蛋灌饼等，分有边、无边等。

4.蒸汽夹层锅

蒸汽夹层锅主要用于煮面条、馄饨、水饺等。在面点制作中有很多优势，操作简便，煮豆子、熬皮冻、炒馅心不易焦糊。操作时需要将夹层中冷凝水放尽，再旋阀门，打开蒸汽阀，蒸汽夹层锅就可以升温加热。

二、常用储物工具

盆：面点制作中，多用不锈钢材质的盆具。主要用于盛放装馅心，称取原料和粉料等。

储物工具还有储物架、储物柜、储物箱，根据面点室的布局和储藏原料需要灵活选用。

三、擀面工具

如今，擀面杖已经是面点最为常用的工具了。擀面杖不仅可以擀包子皮，也是用来擀制面条、饺子皮和制作酥皮类点心以及擀制各种饼类的重要工具。擀面杖材质众多，又分为各种不同粗细、长短的型号。不同形状、型号的擀面杖又有着不同的用途。

1.单手杖

根据粗细长短不同,有大中小号之分。根据材质不同,又分为实木、不锈钢、PVC塑料、石材等。

2.双手杖

双手擀面杖中间略粗,两端较细,使用的时候需要用两根并排,左右手配合,通过适当的用力,使得面杖滚动,让坯皮自然转动达到擀制面皮的目的。一般用来擀制饺子皮、烧卖皮等。

其中橄榄杖一般用只来擀制烧卖皮,实木材质居多,最大的特点是中间较大,呈橄榄形。

3.走槌

又称通心槌,形似滚筒,中间空,供手插入轴心,使用时来回滚搅动。由于通心槌自身重量较大,擀皮时可以省力,是擀大块面团的必备工具,如用于大块油酥面团的起酥、卷形面点的制皮等。

随着科学技术的发展,走槌除了规格大小不同以外,材质也发生了变化。根据材料可以分为木质走槌、不锈钢走槌、大理石走槌、硅胶走槌、不粘涂层走槌、印花走槌等。这些走槌各有特点,可以根据制作需要灵活选择。

四、清洁工具

1.刮板

刮板除了日常清洁案板的作用外,还可以用来辅助调制面团、分割面团、刮抹、装饰等作用,如刮平蛋糕糊、刮制奶油装饰面。材质和形状众多有不锈钢刮板、塑料刮板、造型刮板等。

2.扫面把、簸箕

扫面把和簸箕配合,清扫案板粉尘杂物等。

五、成型工具

面点坯料通过印模成型可形成规格统一,具有相应图案纹理的面点制品。印模可制作月饼、绿豆糕等花式点心、各类糕点。印模根据材质有木质印模和塑料印模之分。

(1)印模

根据材质可分为木质、塑料、硅胶。硅胶印模用于做翻糖蛋糕。

(2)印子

印子可以用于面点制品表面的文字或者花纹装饰。印子一般为木质材料,配合食用色素使用。

(3) 盒模

模具又称盏模，盒模。由不锈钢、铝合金、铜皮制成，形状有圆形、椭圆形等，主要用于蛋糕、布丁、塔、派、面包的深层搅拌成型。

(4) 套模

套模又称卡子、卡模、切模、花戳子，有圆形、方形、水滴形、各类花形、叶形等。使用时将已经滚压成一定厚度的坯皮平铺于案板上，一手持卡模上端，均匀用力向下按压后提起，使其与整个皮面分离，得到一块与卡模相应图案的坯子，也可在平铺的面坯上逐一刻出饼坯，常用与制作各类西点饼干、翻糖蛋糕以及制作酥皮类点心。

(5) 钳花夹和花车

花钳一般用铜片或不锈钢片制成，用于各种花式面点的钳花造型；在江南一带花钳多用于制作钳花包、太湖船点、核桃包等，在面点制品表面夹制各种纹路起到装饰面点制品的作用。

花车又称铜花钳、铜花车，长约14厘米，一头是滚轮波浪铜片，一头是带锯齿纹的夹子。滚轮用于滚切，在面点上滚动使坯皮带有锯齿花边，如苹果派。另一头形似镊子，方头有齿纹用于饺边装饰、水波纹等。

(6) 镊子

用于制作花式面点，制作比较精细部位，如用芝麻点小动物眼睛等。

(7) 小剪刀

主要用来制作花式点心，太湖船点等。如剪天鹅翅膀、剪花瓣、制作刺猬包等。

(8) 面塑工具

主要用于制作太湖船点、面塑等。材质有动物骨头、有机玻璃、食品级塑料等，可以根据自己的创作习惯进行打磨和定制。

(9) 小梳子

主要用于制作花式点心，如刻小鸟翅膀，制作各种叶子纹理等，有木质和塑料之分。小梳子的梳齿有粗细之分，可根据制品要求灵活挑选。

六、灶案常用工具

灶案常用的工具主要有：手勺、漏勺、爪篱、铲子、筷子、刀、砧板等。

漏勺是用铁或不锈钢钢等制成，面上有很多均匀孔洞，主要用于沥干食物的油或水，如炸麻球、捞面条、水饺等。

爪篱主要用不锈钢或铁丝编织成凹形网罩，质地细密，可以阻隔细小物品通过。常用来过滤油品，去除油、水中的杂质或用于油炸食物沥油等。

铲子由木板、不锈钢、硅胶等制成,用于炒、煎、烙等食品。

面点制作中常用的筷子有木质、竹制和不锈钢材质。主要用于翻动半成品或夹取成品之用。除了常用规格的筷子以外,还有特制加粗加长的筷子,用于炸油条、炸油饼、捞面条。

刀:菜刀材质一般有不锈钢刀具、铁质刀具,现在比较新的有陶瓷刀具。主要用于切面条、拍皮、剁菜馅等。

砧板:在面点制作中,砧板可以用来制作馅心,切主配料、切面条等。按照材质一般分木质砧板、竹制砧板、塑料砧板。

七、其他工具

1.厨房秤

厨房秤,顾名思义,是用于烹饪时精确计量使用食物原料的重量的一种工具。厨房秤的制作材料一般为 ABS 或 AAS 塑料与不锈钢。电子厨房秤还可能用到钢化玻璃,因为钢化玻璃便于清洗,所以一般作为厨房秤的托盘部分。

厨房秤种类较多,按照用途可分为酒店厨房秤和家庭厨房秤;按传感器分为机械厨房秤和电子厨房秤;按照食物原料分为质量计量厨房秤和液体计量厨房秤;按照食物类型分类:中餐厨房秤和西式糕点厨房秤。

一般的家用厨房秤需要的精度要低于酒店用;中式的计量精度要低于西式糕点计量精度。而且,机械厨房秤一般分为 1kg,2kg,3kg 和 5kg,而精度则最低精确到 5g,适用于对精度要求较低的场合。电子厨房秤一般为 5kg 的秤量范围,最小精度为 0.1g,常规来说,一台电子秤通常只有一个量程和精度,不同量程的厨房秤,精度也相对不同。

2.面粉筛

面粉筛又称筛罗,主要用来过滤各种粉料,已达到去除杂质、符合安全卫生标准以及提高制品质量的目的。粉筛有规格大小、不同材质之分,根据其目数不同筛眼的粗细格各不相等,可根据制品的要求以及实际需要灵活选购。

3.毛笔、排笔

排笔主要用于点心生坯涂蛋液、饴糖的涂抹以及半成品、成品的抹油。

毛笔主要用于细小部位的油、饴糖、蛋液等的涂抹。

4.色刷

用于面点制品上色,一般都是用新牙刷来做此项工作。如寿桃包最后可以用色刷蘸取红色色水,均匀地喷洒在寿桃包表面,起到着色作用,使寿桃包更形似。

5.喷壶

喷壶在面点中起到保湿作用、以及黏合作用。如起酥时,用喷壶将水均匀喷洒在油酥面团上起到酥层间黏合作用。

6.裱花嘴

裱花嘴的材质可分为不锈钢、铜皮、铁皮、塑料等，有齿状、圆头、偏平、弧形等形状。可以单个也可成套购买，不同的花嘴有不同作用，同一个花嘴也可以变化出不同的效果，多用于裱花蛋糕的制作。

7.打蛋器

打蛋器一般为不锈钢材质，分大、中、小三种规格，主要用于抽打蛋液、调制糊状液体等。

8.挑馅板

制作包馅制品时，用来上馅，材质有木质、竹制、不锈钢等。

9.刨刀

刨刀主要用于原料去皮。多功能刨刀可以用来刨皮、刨片、刨丝等作用，手持式操作，无须砧板，方便快捷。

第三章

面点制作基本功

面点制作基本功实训是指在面点制作过程中所采用的最基本的制作技术及方法，包括调制面团、搓条、分剂、制作、成型和熟制等主要环节。

第一节　和面

一、和面的概念

和面，也就是面团调制，是在粉状的物体中按一定的比例要求，加液体搅拌或揉弄使其有黏性，调制成面团的过程。目前，主要有机器和面、手工和面两种方法。根据水温，和面又分为凉水和面、温水和面、热水和面；根据使用辅料，分为油和面、蛋和面、油蛋和面、水蛋和面等。

机器和面：是将面点原料通过机械的搅拌，调制成面点制作所需要的各种不同性质的面团。机器和面机坚固耐用，外型美观，使用简便；通过摆动变速手柄，用户可获得两种不同的和面转速，小型和面机报价低廉合理，外型整齐美观，体积小，重量轻，和面机噪声小，效率高，操作简单，清理方便，清洁卫生，用户使用反映良好。专业和面机具有结构紧凑，体积小，易操作易清洁等优点。双动双速和面机器是一种和面效率较高、效果较好的食品加工机械。其特点是仿人工和面，搅拌棒搅拌面粉的同时，螺旋搅拌杆将面粉向桶底推压，小型和面机报价合理低廉，使面粉充分混合，起筋快，省时省力。均采用齿轮减速传动结构，具有结构简单、紧凑、操作方便、不需复杂的维修、使用寿命长等优点。和面机器采用不锈钢材料和特殊的表面处理，符合卫生标准。

手工和面：是将面点原料通过人工搅拌，调制成面点制作所需要的各种不同性质的面团。就是将面粉倒在盆里或面板上，中间扒出一个凹塘，将水徐徐倒进去，用筷子慢慢搅动。待水被面粉吸干时，用手反复搓拌面，使面粉成许许多多小面片，俗称"雪花面"。这样，既不会因面粉来不及吸水而淌得到处都是，也不会粘得满手满盆都是面糊。而后再朝"雪花面"上洒水，用手搅拌，使之成为一团团的疙瘩状小面团，称"葡萄面"。此时面粉尚未吸足水分，硬度较大，可将面团揉成块，将面盆或面板上粘的面糊用力擦掉，再用手蘸些水洗去手上的面粉撒在"葡萄面"上，即可用双手将葡萄面揉成光滑的面团。此种和面法叫"三步加水法"，可使整个和面过程干净、利索，达到"面团光、面盆光、手上光"的效果。

冷水和面：就是30度以下温度的水拌和调制的水调面团，俗称冷水面。由于用冷水或温度较低的水和面，面粉中的蛋白质不能发生热变性，从而形成较多和较强的面筋。淀粉在低温下不会发生膨胀糊化，因此所形成面团结实，韧性强，拉力大，呆板，又称"死面"。

冷水面的特点是成品色泽较白，吃起来爽口有筋性，不易破碎。一般适合于水煮和烙的品种，如水饺、面条、春卷皮、珍珠汤、烙饼等。

冷水面的调制方法是将面粉倒入盆中或案板上，掺入冷水或水温较低的水（夏天用冷水加点盐，防止面团"掉劲"。俗语常说："碱是骨头盐是筋"，冬天用略高于常温的水拌和），边加水边搅拌。水不能一次掺入，因为一次掺水过多，粉料一时吸不进去，将水溢出，流失水分，反使搅拌不均匀，故要分次加水，掺入比例为2∶1。但也要根据气候以及面粉的质量等情况酌情掺水。当面和水搅拌成为雪花片后，要用力捣揣，反复揉搓，揉到面团十分光滑不粘手为止。面团调制好后，一定要放在案板上，盖上干净湿布，静置一段时间，即"饧面"。饧面时间一般为10~15分钟，有的可达半小时。面团要成型时，双手要用力"揉上劲"才能保证成品质量。

温水和面：面粉与50℃左右的适量温水调制的面团称为温水面团。由于水温高于冷水，水分子扩散加快，从而使面筋质地形成受到一定限制，而淀粉的吸水性却有所增加，这种面团的筋性、韧性、弹性低于冷水面，制成品种色泽次于冷水面团。

温水和面的特点是柔中有劲，富有可塑性，容易成型；熟制后也不易走样，口感适中，色泽较白。这种特点，特别适用于制作各种花色蒸饼，如白菜饼、金鱼饼、四喜饼。

温水面的调制是将面粉放入盆中或案板上，加入适量的温水，水温要准确，过高会引起淀粉糊化或蛋白质明显变性，过低则淀粉膨胀，蛋白质不变性，过高或过低都达不到温水面的特点，加水量应按品种的不同要求加，使水和面充分结合，初步成团后，要在面板上摊开或切开，让热气散尽，完全冷却再和成团，揉匀揉透，盖上湿布备用。

热水和面：热水和面的调制方法是将面粉倒入盆内，加热水（60~99℃）用面杖搅拌，边倒水，边搅拌，搅拌动作要快，特别是冬季更要敏捷，才能使面均匀烫熟。用水量要在调制过程中一次掺完掺足，不能在成团后调制。因为成团后补加热水再揉，很难揉得均匀。如太软（掺水过多），重新掺粉再和，也不容易和好，还影响面团性质，而且吃时粘牙，最后一次揉面时，必须洒上冷水再揉成面团，其作用是使制品吃起来糯而不粘，面团和好后，需切成小块凉开，使其热气散发，冷却后，盖上湿布条备用。

蛋和面：是把生蛋磕开取它的液体和面，其和法总的可以分为纯蛋和面、油蛋和面、水蛋和面三类。

纯蛋和面：把蛋打在碗内搅匀，倒在面粉内和成面团或把蛋清、蛋黄分别打成泡沫然后加在一起，再加面粉做成食品。如清蛋糕、槽子糕、油糕等食品。这种做法的食品，虽没经发酵，但特别柔软，也富有营养价值。老年人、小孩、病人吃了没有难以消化的感觉。

油蛋和面：把蛋打入碗内搅匀，再与油同时倒在面粉内搅匀，和成面团，蛋液占80%，油占20%。适合于制作炸烙食品，取其松酥，如菊花酥等。

水蛋和面：凉水与蛋液混合使用，水与蛋液的比例各占50%，加工点心类的食品，在和面时有的需要加一定量的白糖提高食品的甜味，并且把糖揉均匀，揉好后停放一段时间，让糖全部溶化，可以做出食品的形状。另外，有的不需要加糖和好揉光可以使用，如伊府面等。

蛋和面可制作蒸、煮、烤、烙、炸各类食品，它应用范围广泛，具备松、软、暄、酥等各种特点，并且加工出来的食品长时间存放不变质。

二、和面的方法

和面主要有抄拌法、搅拌法、调和法三种方法。

（一）抄拌法

在粉料及配料中掺入水或其他液体物料后，用双手由下向上反复抄拌，使粉料与配料及水混合均匀的操作方法。这种方法常用于拌制松散的粉粒状面团，如松糕、绿豆糕等。

将面粉放入缸（盆）中，中间掏一圆凹形坑塘，放入第一次水量，双手伸入缸中，从外向内，由下向上反复抄拌的方法。抄拌时，用力均匀适量，手不沾水，以粉推水，水、粉结合，成为雪花状（有的叫穗形状），这时可加第二次水，继续用双手抄拌，使面呈结块状，然后把剩下的水洒在面上，搓揉成为面团。

（二）搅拌法

搅拌法是指将面粉倒入盆中，然后左手浇水，右手拿面杖搅和，边浇边搅，使其吃水均匀，搅匀成团的方法。搅拌法一般用于烫面和蛋糊面，有时还用于冷水面等。

1.和烫面时沸水要浇遍、浇匀，搅和要快，使水、面尽快混合均匀。

2.和蛋糊面时，必须顺着一个方向搅匀。搅面的特点是柔软，有韧性。

将配制好的各种原料放入容器内，一边加水或其他液体原料，一边用手或工具搅拌的操作方法。这种方法常用于糨糊状面团，如烫面、蛋糊面等。

用手或搅拌钩将各种配料混合，揉要视面筋扩展的程度而定。面团搅拌的目的为加速面粉吸水形成面筋，透过往返不停地搅打破坏面粉表面的韧膜，使水分均匀浸润面粉颗粒，面团搅打的程度除以手感觉及眼观察外，没有其他好方法决定时间的长短。一般搅打的过程分成6个阶段：(1)搅起阶段；(2)卷起阶段；(3)面筋扩展期；(4)完成阶段；(5)搅打过程；(6)面筋打断。

(三)调和法

调和法是指将面粉及各种辅料在案板上围成塘坑，加入水或其他液体原料调和后，用手逐渐从里向外进行调和，待各种原辅料混合，揉成团块的操作方法。调和法是和面最常用的手法。

调和面团时，将水倒入面粉的中间，双手五指张开，从外向内，一点一点调和，待面粉和水结合成为片状后再掺适量的水，和在一起，揉成面团。适用于调制松散的颗粒状面团及化学膨松面团，如开口笑、麻枣等。

1. 和面的要求。掺水量要适当。和面时掺水量应根据不同品种、不同季节和不同面坯而定。掺水时，应根据面粉的吸水情况分几步掺入，而不是一次加大量的水，这样才能保证面坯的质量。

2. 和面时，动作要迅速，干净利落。无论哪种和面手法都要求投料吃水均匀，符合面坯的性质要求。和面以后，要做到手不粘面、面不粘盆、面不粘案。

第二节　揉面

揉面是在面粉颗粒吸收水分发生粘连的基础上,通过反复揉搓,使各种原料、辅料调和均匀,充分吸收水分后,形成面团的过程。主要有揉、捣、揣、摔、擦、叠等方法。

揉面的目的是使面团中的淀粉黏结,气泡消失,蛋白质分布均匀,以便产生有弹性的面筋网络,增强面团的筋力,揉匀、揉透的面团,内部结构均匀,外表光润爽滑,反之则影响质量。

揉面要始终保持一个光洁面,要按一定的顺序揉,不能随意揉,否则不易使面坯达到光洁的地步,还会破坏其面筋网络的形成。

揉发酵面团时,不能使用"死劲"反复不停地揉,避免把面揉"死",否则达不到蓬松的效果。

单手揉适应于较小的面团,先将面团分成小剂,置于工作台上,再将五指合拢,手掌扣住面剂,朝着一个方向旋转揉动。面团在手掌间自然滚动的同时要挤压,使面剂紧凑、光滑变圆,内部气体消失,面团底部中间呈旋涡形,收口向下,放置盘中。

双手揉应用于较大的面团,其动作为一只手压住面剂的一端,另一只手压住面剂的另一端,用力向外推揉,再向内使劲卷起,双手配合,反复揉搓,使面剂光滑变圆,待收口集中变小时,收口向下放置压紧。

在揉面的过程中要利落,揉匀、揉透,有光泽,不能有裂纹和面褶出现。揉面时用力要轻重适当,揉面时要用巧劲,既要用力,又要揉"活",必须手腕着力,而且力度要恰当。要用"浮力",俗称"揉得活",特别是发酵蓬松的面团更不能死揉,否则会影响成品的蓬松度。揉面剂时的收口越小越好,并将收口朝下,成为底部。

揉匀面坯后,不要紧接着做成品,一般要饧面 10 分钟。

一、捣

捣是在和面后,双手握拳在面团各处用力从上向下捣压的操作方法。

"要想面好吃,拳头捣一千",意思就是在和面后,放在缸盆或桌面上,双手握紧拳头,在面团各处,用力向下捣压,力量越大越好。当面被捣压挤向缸的周围时,再把它叠拢到中间,继续捣压,如此反复多次,一直把面团捣透上劲为止。

二、揉

揉是通过双手反复揉搓，将和好的面团揉润、揉光、揉匀的操作方法。根据面团的大小，可采用单手揉、双手揉和双手交替揉的手法。

揉时身体不能靠住案板，两脚稍分开，站成丁字步，身子站正，不可歪斜，上身可向前稍弯，这样，使劲用力揉时，不致推动案板，并可防止粉料外落，造成浪费。在揉小量面团时，主要是用右手使劲，左手相帮，要摊得开，卷得拢，五指并用，使劲揉匀。

揉时，全身和膀子要用力，特别是要用腕力。一般的手法是：双手掌跟压住面团，用力伴缩向外推动，把面团摊开，从外逐步推卷回来成团，翻上"接口"，再向外推动摊来，揉到一定程度，改为双手交叉向两侧推摊、摊开、卷叠、再摊开、再卷叠，直到揉匀揉透，面团光滑为止。也可以用左手拿住面团一头，右手掌跟将面团压住，向另一头推开，再卷拢回来，翻上"接口"，继续再推、再卷，反复多次，揉匀为止。

三、揣

揣是面团和好后，双手握拳，交叉在面团上揣压，使面团向四周摊开再卷拢在一起的操作方法。

揣比揉的劲大，能使面团更加均匀。特别是量大的面团，都需要揣的动作，还有一些成品需要沾水揣，但只能一小块一小块地进行。

四、摔

摔是双手或单手拿住和好的面团，举起后反复摔在案板上，使面团增加劲力的操作方法。

摔时可用右手抓住面团，快速提起面团，然后摔在案板上。摔时动作要快。

五、擦

擦主要用于油酥面团和部分米粉面团面坯的调制。方法是在案板上把油和面和好后，用手掌跟把面坯层层向前推擦，使油和面相互粘连，形成均匀的面坯。

擦时用手掌跟，把面一层层向前边推边擦，面团推擦开后，滚回身前，卷拢成团，仍用前法，继续向前推擦，直到擦匀擦透。

六、叠

叠主要是为了防止面团在制作过程中生筋，避免面团内部过于紧密，影响膨松效果。方法是：将主辅料混合后，用手将其上下叠压，使主辅料混合均匀，如桃酥面团的制作即属此类。

第三节　搓条与下剂

一、搓条

搓条就是将揉好的面坯通过拉、捏、揉等方法搓成条状的一种手法，是下剂的准备步骤。操作时，将饧好的面坯先抻拉成长条，然后用双掌根压在条上，同时适当用力，来回推搓滚动面团，并用两手向两侧抻动，使面团向两侧慢慢延伸，将面推搓成粗细均匀的圆形长条。

搓条的基本要求是：条圆，光洁（不能起皮、粗糙），粗细一致。要做到这一点，一要两手着力均匀，两边使力平衡，一要用掌跟揿实推搓，不能用掌心，掌心发空，揿不平，压不实，不但搓不光洁，而且不易搓匀。面条的粗细，要根据面剂的大小确定。

搓条时要注意以下几点：

1.搓时，要搓、揉、抻相结合，边揉边搓，使面团始终呈粘连凝结状态，并向两头延伸。

2.两手着力均匀，防止一边大一边小，使条粗细不匀。

3.要用掌跟按实推搓，不能用掌心。因掌心发空，按不平，压不实，不但搓不光洁，而且不易搓匀。

二、下剂

下剂又称分剂、掐剂等，是将搓条后的面坯分成大小一致的剂子的操作过程。根据各种面团的性质，常用的分剂方法有揪剂、挖剂、拉剂、切剂或剁剂等。

1.揪剂

揪剂又叫摘坯、摘剂，是指左手握剂、右手推摘的操作方法。

揪剂时，左手握住剂条，从左手拇指与食指间露出相当于坯子需要大小的截面，用右手大拇指和食指轻轻捏住，并顺势往下前方推摘，即摘下一个坯子。左手将剩余的剂条向手心方向转90°，然后再摘。

2.挖剂

挖剂是左手握住或按住面剂的一端，右手四指弯曲成铲形，手心向上，四指同时铲入截面往上一揪，使坯段截面段开的操作方法。

面团搓条后，放在案板上，左手按住，从拇指和食指间（虎口处）露出坯段，即成一个剂子。然后把左手向左移动,让出一个剂子坯段,重复操作。挖下的剂子一般为长圆形,有秩序地戳在案板上。

3.拉剂

拉剂是指用右手五指抓起适当剂量的坯面,左手抵住面团,拉断即成一个剂子的操作方法。

拉剂时可用右手五指抓起适当剂量的坯面,左手抵住面团,拉断即成一个剂子。再抓,再拉,如此重复。如馅饼的下剂方法即属于这种方法。如果坯剂规格很小,也可用三个手指拉下。

4.剁(切)剂

剁剂是指在搓好剂条后,放在案板上拉直,根据剂量大小,用厨刀一刀一刀剁(切)成均匀剂子的操作方法。

切剂常用于切制明酥面剂,以保证截面酥层清晰。有时也用于馒头、饺子皮等的切制。下刀要准,刀要锋利,切剂后截面呈圆形。

剁剂时为了防止剁下的剂子相互粘连,可在剁时用左手配合,把剁下的剂子一前一后错开排列整齐。这种方法速度快,效率高,有时会出现大小不匀的情况。

第四节　制皮

制皮是将面团或面剂,按照品种的生产要求或包馅操作的要求加工成坯皮的过程。在操作顺序上,有的在分坯后进行制皮,有的则在制皮后再进行分坯。制皮的质量好坏直接影响包捏和点心的成型,由于品种的不同,制皮的方法也不一样。常用的制皮方法有:按皮、拍皮、捏皮、摊皮、压皮、敲皮、擀皮等。

1.按皮

按皮是一种较为简单的制皮方法。将摘好的面剂截面向上,用掌跟将其按扁,按成中间稍厚,四周稍薄的圆皮,如包子皮。按皮时注意必须用掌跟按。

2.拍皮

拍皮就是将摘好的面剂截面向上,用右手先按一下,然后用手掌沿着剂子周围着力拍,边拍边顺时针方向转动皮子,将剂子拍成中间厚、四周薄的圆形皮子。

3.擀皮

擀皮是指将面剂先按扁后,用擀杖(有面杖、橄榄杖、通心槌)将其擀制成中间稍厚,边缘稍薄的圆皮的制作过程。擀皮的方式一般有"平展擀制"与"旋转擀制"两种。按工具使用方法,分单手擀制、双手擀制两种。根据品种的不同,可选用不同的工具。例如,饺子皮的擀制方法有面杖擀法和橄榄杖擀法两种;烧卖皮的擀制方法有通心槌擀法和橄榄擀法两种;馄饨皮擀法与上述两种皮子的擀法不同,馄饨皮擀制的方式为"平展擀制",不下小剂,用大块面团;不用小面杖,用大面杖。

4.捏皮

捏皮一般是把剂子用双手揉匀搓圆,再用双手捏成圆壳形,包馅收口的操作方法。

捏皮前先把剂子用手揉匀揉圆,再用双手手指捏成壳形,包馅收口,一般称为捏窝。

5.压皮

压皮是指用刀或特殊工具将没有韧性的剂子搓匀成圆球形,放置于案子上压扁,可稍使劲旋压,使之成为圆形的操作过程。压皮是一种特殊的制皮方法,主要用于澄面点心的制皮。

压皮时,先将剂子截面向上,用手略摁,右手拿刀(或其他光滑、平整的工具)放平,压在剂子上,稍使劲旋压,成为圆形皮子。要求压成的坯皮平展、圆整、厚薄大小适当。压皮时,用力要匀,否则皮子不圆、厚薄不匀。

6.摊皮

摊皮是指将稀流面或糊面抖入或倒入锅中,使其在锅中粘成一张圆薄皮的制作过程。

摊皮时根据品种的不同,也有不同的操作方法:

(1)摊皮时,可将平锅架火上(火力不能太旺),右手持柔软下流的面团不停地抖动(防止流下),顺势向锅内一甩,锅上就会被粘上一张圆皮,等锅上的皮受热成熟,取下,再摊第二张。摊皮技术性很强,摊好的皮要求形圆,厚薄均匀,没有气眼,大小一致。

(2)摊皮时,铁锅架火上(火力不能太旺),将部分稀面糊倒入锅中,趁势转动铁锅,使稀面糊随锅流动,转成圆形坯皮状,受热凝固,即形成一张平整的坯皮。摊皮时要求厚薄均匀,大小一致,圆整。

第五节　上馅

一、上馅的概念及注意事项

上馅在有些地区叫打馅、包馅、塌馅,是有馅心品种面点的一道必需工序,即在坯皮中间放上调好的馅心的过程。上馅的好坏直接影响成品的质量。如上馅不好将直接影响制品的外观,所以上馅也是重要的基本操作之一。

上馅时必须注意以下几个方面:

1.要根据具体品种上馅,轻馅品种的馅心要少,重馅品种的馅心要多。

2.不能根据馅心的较硬和易包状况而随意多上或少上,应多少均匀,上馅数量相等。

3.要注意油量多的馅心,防止出现流卤汁、脱底露馅等毛病。

二、上馅的方法

由于品种不同,常用的上馅方法有包馅法、拢馅法、夹馅法、卷馅法、滚粘法等。

1.包馅法

这种上馅法,是最常用的。如包子、饺子、汤圆等绝大多数点心品种。但这些品种的成型方法并不相同,如无缝、捏边、提褶、卷边等,因此,上馅的多少、部位、方法也就随之不同。

无缝类:此类品种如和尚包、水晶馒头等,馅心较小,一般上在中间,包成圆形即可,关键是不能把馅上偏。

捏边类:此类品种如水饺等,馅心较大,打馅要稍偏一些,这样覆盖上去,合拢捏紧,馅心正好在中间。另外像糖三角等也属于捏边法。

提褶类:如小笼包子等,馅心较大,因提褶呈圆形,所以馅心要放到皮子的正中心。

卷边类:如盒子酥、鸳鸯酥、炸三鲜盒子等,它是将包馅后的皮子依边缘卷捏成的一种方法。一般是用两张皮,中间上馅,上下覆盖,依四周卷捏。

2.拢馅法

馅心较多,放在中间,上好后轻轻拢起捏住,不封口,露一部分馅。如各式烧卖等,馅心较多,将馅心放在中间,上好后拢起捏住,不封口,要露馅。

3.夹馅法

即一层粉料一层馅,上馅均匀而平,可以夹上多层,对稀糊面的制品,则要先蒸熟一层后上馅,再铺一层,如三色蛋糕类。

4.卷馅法

就是先将面剂擀成片,然后将馅抹在面坯上(一般是细碎丁馅或软馅),再卷成圆柱形,做成制品,熟后切块,露出馅心。如花卷等。

5.滚粘法

有热、冷两种滚粘方法。热滚粘方法如藕粉丸子;冷滚粘方法如元宵。

第四章

面点成型技术

成型技术即用调制好的面团和坯皮,按照面点的要求,包馅(或不包馅心),运用各种方法,制成各种各样形状的成品或半成品。成型后再经过加热熟制就是定型制品。

面点成型是一项技术性较强的工作,它是面点制作的重要组成部分。面点和菜肴一样,也要求色、香、味、形俱佳,而面点的形态美观尤为重要,它形成了面点的特色。如包、饼、糕、团以及色泽鲜艳、形态逼真的象形花色制品,都体现了中式面点独有特色。

由于面点制品花色繁多,成型方法也是多种多样。面点制作工艺流程可分为和面、揉面、搓条、下剂、制皮、上馅,再用各种手法成型。前几道工序,属于基本技术范围,与成型紧密联系,对成型品质影响较大。

第一节 抻

这一类成型技法主要用于地方面食的制作,成品形态简单,多为条形,只是粗细、长短、圆扁、宽窄有别。然而这一类成型技法技术难度大,技术针对性强,适用的特色品种,如抻面、小刀面、刀削面、拨鱼面等。抻、切、削、拨统称为我国的面食制作的四大技术。

抻一般叫抻面,有的地区叫拉面,是我国面点制作中的一项独有的技术,为北方面条制作之一绝。它是将调制成的柔软面团,经双手反复抖动、抻拉、扣合,最后折合抻拉成条丝等形状制品的方法。抻出的面条吃口筋道,柔润滑爽。

抻面主要原料是面粉,加入少许盐和碱,因季节、气候和地理条件分别采用不同水量与水温。其制作原理是,经过面团的饧发和摔条、掺条等工序,使面分子结构由横向排列变为顺向排列,使面剂柔软,无筋,可拉长。其主要工序是:和面、饧面、摔条、掺条。许多面点品种都是由抻面加工制成的。如扁条面、三棱面、空心面、酿馅面、龙须面等。抻面制作的品种适合于蒸、煮、炸等烹饪方法。

抻的用途很广,不仅制作一般拉面、龙须面要用此种方法,制作金丝卷、银丝卷、一窝丝酥、盘丝饼等都需要先将面团抻成条或丝后再制作成型。抻出的面条形状可为扁条、棱角条、圆条等,按粗细可分为粗条、中细条、细条和特细条等。一般抻面的粗细由扣数多少确定,扣数越多,条越细。若面条根数以 z 表示,扣数以 n 表示,则 $z=2^n$。一般的拉面为 8 扣左右,龙须面的扣数则需 13 扣以上,一般不超过 16 扣。

操作时,其步骤主要有三个,即和面、遛条、出条。

1.和面:面粉要求劲大、筋强的优质面粉。每 5 千克面粉加水 3 千克左右,食盐 50 克，碱面 25 克。和面的水应依季节的变化而变化，冬季为 50℃，春秋为 30℃，夏季使用凉水。将面粉放入盆内，盐水可先加，加水应沿盆边加，加水后，用两手和，盆底不可留干面，和成麦穗面后，再撩上些水，捣鼓成面团。面团基本和好后，不可再续加干面，否则调成的面团发黏不好使。待面团基本揉光后，将碱水倒在面团上继续揉，一直揉到手、面、盆三光为止。最后沿盆边转圈撩些水，将面团翻过来盖上湿布，饧 15～30 分钟，让面粉颗粒充分吸收水分。

2.遛条：做法是取饧好的面团（水面约 1500 克）放案板上，用两掌掌跟搓揉，至有韧性，搓成半米多长的粗条，然后经遛和摔，使面条筋顺，为其延伸性能充分发挥创造条件。顺筋的方法就是让面团延长、折起，再延长、再折起的过程，时间要短，速度要快，促使面团内部结构发生变化。所谓摔，也要将粗条先抻长，加条（右手的面头向左上方一搭，撒手，左手将面头随向上一翻成麻花形），并条，再抻再并。如此遛几下，并条后摔打，至条顺溜为止。其特点是时间短、省力、质量好。遛法多是提起粗条，使之离开面案，两臂平伸，连抻带抖，上劲抻开后，待条接近地面时，两手交叉并条使呈两股绳状。接着右手接过另一头，继续抻遛。反复至条顺后为止。抻遛时如感筋力不足，应及时蘸抹碱水。交叉拧绳时，方向一次反一次正，交替进行。遛条、摔条都不可过度，过度后面团出条时粗细不匀，反而弄巧成拙。一般视条顺溜、绵软而有韧性时即可出条。

3.出条：出条又叫开条、放条，即把理顺遛匀的大条撒上白面反复抻拉出面条的过程。其过程包括上劲、抻拉、下扣、倒手、撒白面等，即把大条放案上，撒上白面，用两手摁住两头对搓上劲。劲上足后，两手拿住两头一抻，甩在案上一抖动，两个头均交左手夹住，右手拇指、中指抓住条中间成另一头，顺势向右外方向一翻，抻抖中把面抻长。随之将右手的头扣在左手中，面条在案上呈三角形，右手撒白面，接着抓住面条正中部分再抻。如此抻去，直到达到要求的粗细即可。

实 例

抻面

❖ 原料

面粉 1500 克、盐 13 克、碱面 15 克、水 600 克

❖ 工艺流程

和面→遛条→出条→熟制

❖ 制作流程

1.把面粉 1000 克加入清水 600 克，并加入盐和碱，反复揉搓成团，面和好后盖上湿布饧 30 分钟。面团饧好后，用力把面揉匀使软硬一致，最后揉成一根

粗条。

2.用双手分别握住粗面条的两头,在两案上交叉搭扣,直到将面搭起有劲。然后抓起两头,离开案板,交叉搭扣并条,两条胳膊上下晃动,一左搭扣,一右搭扣这样反复多次,将面条遛成粗细均匀时即可。

3.在面案上撒上面粉,把遛好的面条用力一抻。顺势将抻出稍细的条放在案子上,用手将条搓匀,撒上面粉拉开,这时左手将面头压紧。右手挑起另一头,慢慢拉长,待拉长后将右手的面头交到左手,撒匀面粉,反复数次。待面条粗细均匀,再把面条对折过来,切去两头,把面条放入锅中煮熟,根据个人不同口味,加入各种美味调料即可。

❖ 制作关键

1.遛条是抻面的重要环节,遛条时,两臂端平,用力均匀一致,逐步抻开,然后再两手交叉并条,直至将面条遛匀、遛顺,遛出筋力。

2.出条时动作迅速,一气呵成。

❖ 风味特色

筋道有劲,味道特殊,深受欢迎。

❖ 相关品种

盘丝饼、三棱面条等。

第二节　切

切是以刀为主要工具,将加工成一定型状的面坯切割而成型的一种方法。切的方法多用于北方的面条(刀切面)和南方的糕点。北方的面条是先擀成大薄片,再叠起,然后切成条形。南方的糕点往往是先制熟,待出炉稍冷却后再切制成型。

切常与擀、压、卷、揉、叠等成型方法连用,它主要用于面条、刀切馒头、花卷、糍粑等,以及成熟后改刀成型的糕制品,如三色蛋糕、千层油糕、枣泥拉糕、蜂糖糕、凉卷等的成型,并为下剂的手法之一,如油条、麻花等的下剂。

切法最有特色的是切面,分为手工切面和机器切面两种。机器切面分为和面、压皮、刀切三道生产工序,一般批量生产,劳动强度小、速度快、产量高,能保持一定质量,已在饮食业中普遍使用。但手工切面仍有其不可取代的特点,伊府面、过桥面、河南"焙面"等还是使用手工切法。

糕制品切块,可切成大小相同的小正方形、长方形、菱形或其他形状,切时需落刀准,下刀快,保证成品整齐完整。

擀皮时,用力一致,使面皮厚薄均匀,切时要落刀准,下刀快,保持成品整齐,规格一致。

实　例

肉丝面

❖ 原料

肉丝75克、面粉200克、水80克、盐10克、酱油20克、味精10克、白糖15克、胡椒粉6克、色拉油20克、葱姜末少许、香油适量

❖ 工艺流程

制作面卤→和面→成型→成熟→组合上席

❖ 制作流程

1.煸炒葱姜末,加肉丝翻炒,加入盐、酱油、白糖、胡椒粉、味精,烧开勾芡加入香油装入盆中。

2.面粉倒在案子上开窝加入水,先拌成雪花状再揉成光滑的面团,用面杖擀成杠子压制面团,成薄厚均匀的面片。将面片撒上干粉,按下宽上窄一反一正折叠起来,左手按在折叠好的面片上顶住刀面,右手持刀,快刀直切,一刀刀连续有节

奏地切成宽窄适合需要的面条,不能出现连刀或斜刀现象。切后撒上干粉,用双手将其抖散、晾在案板上即成。

3.另起油锅放些油,用葱花炝锅,加入清汤、盐、味精,烧开倒入碗中。

4.锅中将水煮开,把切面煮熟取出倒入碗中即成。食用时同肉丝一同上席即成。

❖ 制作关键

擀皮时,用力一致,使面皮厚薄均匀,切时要落刀准,下刀快,保持成品整齐,规格一致。

❖ 风味特色

汤汁清鲜、面滑爽。

❖ 相关品种

面叶、油条等。

第三节 削

削是用刀直接一刀接一刀地削面团而成长形面条的方法。用刀削出的面条叫刀削面，这是一种北方特有的技法。煮熟的刀削面吃口特别筋道、劲足、爽滑。也分为机器削和手工削两种。

刀削面对和面的技术要求较严，水、面的比例，要求准确，一般是一斤面三两水，打成面穗，再揉成面团，然后用湿布蒙住，饧半小时后再揉，直到揉匀、揉软、揉光，揉成长方形面团块。如果揉面功夫不到，削时容易粘刀、断条，在全国各地做刀削面的，大多采用劲面王的制面工艺，这样做出的面穗，一是出面多，二是面劲道。另外刀削面的奥妙在刀功。刀，一般不使用菜刀，要用特制的弧形削刀。操作时将面团放在左手掌心，托在胸前，对准煮锅，右手持削刀，从上往下，一刀挨一刀地向前推削，手腕要灵，出力要平，用力要匀，对着汤锅，嚓、嚓、嚓，一刀赶一刀，削出的面叶儿，一叶连一叶，削成宽厚相等的三棱形面条；恰似流星赶月，在空中划出一道弧形白线，面叶落入汤锅，汤滚面翻，高明的厨师，每分钟能削二百刀左右，每个面叶的长度，恰好都是六寸。

一般地说，刀削面是面条的一种，适合用各种浇头做卤，但是根据人们的习惯，刀削面一般用汤汁比较多的卤汁较为合适，比如西红柿鸡蛋卤汁，酸汤臊子卤汁。

操作注意事项：

1. 刀口与面团持平，削出返回时不能抬得过高。
2. 后一刀要在前一刀的刀口上端削出，即削在头一刀的刀口上，逐刀上削。
3. 削成的条要呈三棱形，宽厚一致。

实 例

刀削面

❖ 原料

面粉 500 克、凉水 150 克

❖ 工艺流程

和面→饧面→成型→削面→成熟

❖ 制作流程

1.把面粉倒在盆内，加水，和成较硬的面团，充分揉匀揉光后，盖上湿布饧30分钟。

2.把饧好的面揉成粗长条块状，长度比操作者左小臂略长，面团下部用一根细面杖托起。也可把面揉成长方形厚饼状，将细面杖卷在中间偏下的位置，使面团沿面杖方向挺起。

3.操作时站在沸水锅前，左手托住面团。右手持瓦片刀。瓦片刀是削面专用刀，形状近似瓦片，削面时右手拇指在下，其余四指在上，捏住刀片，刀背凸面朝下，下刀时刀面与面团表面夹角宜小些，刀刃斜向削出，在面团上从右向左一刀挨一刀削，削成的面条呈三棱状，长约20厘米。面条背部能够形成一条棱，是因为下一刀总要削在前一刀的一侧刀口上，要求条粗细适中，薄厚均匀，棱正条长。

4.将面条直接削入锅内，随削随煮，水沸后点一次凉水，再沸捞出，过凉水漂一下，即成白坯刀削面。

❖ 制作关键

1.刀口与面团持平，削出返回时不能抬得过高。

2.后一刀要在前一刀的刀口上端削出，即削在头一刀的刀口上，逐刀上削。

3.削成的条要呈三棱形，宽厚一致。

注：刀削面可配肉丁炸酱、小炒肉、大炒肉或三鲜大卤吃。其中三鲜大卤比较讲究，有海参、鸡丁、玉兰片等。大炒肉制法如同红烧肉，清水原汁加料焖制，香味十分醇厚。小炒肉是用瘦肉或是鸡丝过油，熘汁，配玉兰片等制成。肉丁炸酱宜选肥占1/3、瘦占2/3的猪肉100克切小丁，加葱姜炝锅，将肉煸至八成熟。倒入100克黄酱，炒至酱呈栗色，起锅盛入小碗中即可上桌拌面吃。

❖ 风味特色

入口外滑内筋，软而不黏，越嚼越香。

❖ 相关面点

剪刀面等。

第四节　拨

拨是用筷子将稀糊面团拨出两头尖中间粗的条状的方法。拨出后一般直接下锅煮熟，这是一种需借助加热成熟才能最后成型的特殊技法。因拨出的面条肚圆两头尖，入锅似小鱼入水，故叫作拨鱼面，又称"剔尖"，是流行于山西民间包含特殊技艺的一种水煮面食。

制作时，面要和得软，500 克面粉掺水 400 克略多点。和好后再蘸水揣匀，至面光后用净布盖上饧半小时。饧好后放入凹盘中，蘸水拍光，把凹盘对准开水煮锅，稍倾斜，用一根一头削成三棱尖形的筷子顺着盘边由上而下拨下快流出的面，使之成为两头尖、10 厘米长、鱼肚形条，拨到锅内煮熟，盛出加上调料即成。也可煮熟后炒着吃。

要求：

双手密切配合，动作连贯，面糊软硬适当；拨出的面条、面片大小基本均匀，不粘碗、筷。

实　例

青菜面鱼

❖ 原料

面粉 500 克、鸡蛋 1 只、清水 300 克、香菇、青菜适量、调料适量

工艺流程：

调面→饧面→拨面→煮面

❖ 制作流程

1.将面粉放入大碗中打入鸡蛋，加适量水，顺一个方向调和均匀，饧 30 分钟。

2.锅中水烧开，用一根筷子沿着碗边将饧好的面拨成鱼肚形条状并拨入开水中，依次全部做完；用中火，待锅中汤水将要烧开前，加入香菇、青菜；翻动两次，待锅中香菇、青菜熟时（此时拨鱼面已熟）停火。

3.盛入放好调料的碗中即成。

❖ 制作关键

1.面要和得软一些，500 克面粉掺水 400 克略多点，面要饧透。

2.饧好的面放入凹盘中，蘸水拍光，把盘对准开水煮锅，稍倾斜，用一根一头

削成三棱尖形的筷子顺着盘边由上而下拨下快流出的面,使之成为两头尖、10厘米长、鱼肚形条,拨到锅内煮熟。

❖ 风味特色

形状美观,爽滑筋道。

❖ 相关面点

葱油面、清汤面鱼等。

第五节　叠

　　叠是将坯皮重叠成一定的形状（弧形、扇形等）的半成品或成品，然后再经其他手法制成制品的一种间接成型方法。其最后成型还需与擀、卷、切、剪、钳、捏等结合。面皮制作中常常用到，一般作为面皮或半成品的分层间隔时的操作。常见的荷叶夹、桃夹、猪蹄卷、兰花酥、莲花酥等都是采用叠法成型的。叠的时候，为了增加风味往往要撒上少许葱花、精盐或火腿等；为了分层往往要刷上少许色拉油。叠与擀相结合时，要求每一次都必须擀得薄厚均匀，否则成品要求：手法灵活，叠时收口要整齐。在操作时，要求每次折叠要清晰、平整。要根据点心的特点，达到成品要求。有些面皮叠制前抹油是为了隔层，但不能抹得太多，且要抹均匀。

实　例

荷叶夹

❖ 原料

面粉 500 克、酵母 5 克、泡打粉 5 克、白糖 20 克、水 300 克、花生油 50 克、花椒盐适量

❖ 工艺流程

面粉过筛→拌成雪花状→成团→揉面→搓条→擀皮→成型→蒸熟

❖ 制作流程

1.面粉、泡打粉拌匀后过筛，开窝，加入酵母、白糖、水，调匀成团，饧面约 10 分钟。

2.面团揉透，搓条，下剂，擀成直径 8 厘米的面皮，将面皮抹上花生油，撒上花椒盐，然后先对折成半圆形，再对折成扇形。用竹尺围绕着荷叶边，向上压出一个个小凹缺口，使周边立起，像荷叶卷曲的样子；再在直角上用竹尺压一条线，成一个小三角，再用竹尺在小三角内画一些十字花纹即可。

3.生坯入笼，待其发酵后，蒸约 10 分钟即可。

❖ 制作关键

1.面团要调制得软一些。

2.注意生坯饧发时间。

❖ 风味特色

色泽洁白，暄软可口。

❖ 相关面点

千层油糕、蝙蝠夹等。

第六节　摊

摊是将稀软面团或糨糊入锅或铁板上制成饼或皮的方法。这种成型法具有两个特点：一个是熟成型，即借助平底锅或刮子等边熟边成型；另一个是使用稀软面团或糨糊。可用于制作成品如煎饼、鸡蛋饼等，也可用于制作半成品，如春卷皮、豆皮等。

按照摊制方法的不同，可分为：

1.旋摊

即糨糊倒入有一定温度的锅内，将锅略倾斜旋转，使糨糊流动，受热形成圆皮的方法，如锅饼皮等的摊制。

2.刮摊

即糨糊倒入烧热的平底锅或铁板上，迅速用刮子将其刮薄、刮匀、刮圆的方法，如煎饼、鸡蛋饼、三鲜豆皮等的摊制。

3.手摊

即手抓稀软面团在烧热的铁板上，迅速用手将其刮薄、刮匀、刮圆的方法。操作时，首先要将锅或铁板烧干，以防烙好的皮粘锅或结板。凡是摊皮都要求张张厚薄、大小都要一致，不能粘锅和出现沙眼、破洞等。其次，要掌握好锅的温度。温度低不易结皮，温度高则皮厚易粘底，摊时还要往锅或铁板上抹点油，但不可多，这样便于揭下来。

摊制时，面糊稀薄适中，放入锅内要将锅略倾斜旋转，使糨糊流动，受热形成圆皮，使面皮厚薄均匀。

实　例

三丝蛋饼

❖ 原料

面粉 200 克、鸡蛋 300 克、烤肠 1 根、黄瓜半个、胡萝卜半个、盐 6 克，花椒粉、五香粉、鸡精各少许

❖ 工艺流程

调面糊 → 加入三丝 → 煎制 → 成熟

❖ 制作流程

1.面粉加鸡蛋搅拌均匀,加入盐、花椒、五香粉、鸡精再次拌匀成糊状,静置约10分钟。

2.胡萝卜、黄瓜洗净切丝,烤肠切丝。

3.切好的材料加入到面粉蛋糊中拌匀。

4.平底锅加一些油,舀入面蛋糊摊成薄饼,中火煎制。

5.面饼变色凝结,可以翻面,直到两面淡黄饼熟即好。

❖ 制作关键

摊制时,面糊稀薄适中,放入锅内要将锅略倾斜旋转,使糨糊流动,受热形成圆皮,使面皮厚薄均匀。

❖ 相关面点

煎饼、麦糊烧等。

❖ 风味特色

香肥软糯,油润可口。

第七节 擀

擀是运用橄榄杖、面杖、通心槌等工具将坯料制成不同形态面皮的一种技法。因涉及面广,品种内容多,历来被公认为是面点制作的代表性技术,有坯皮成型和品种成型的双重作用,具有很强的技术性。擀制方法多种多样,如层酥、饺子皮、烧卖皮、馄饨皮等擀法均不同。擀的形态较多,如圆形、腰子形、椭圆形、长方形、方形等,擀制成型时,要使杖灵活,用力轻巧适当,从中间向外推擀,前后左右推拉一致,使其四周厚薄均匀。

擀直接用于成品或半成品的成型并不很多,常用于叠、切、包、捏卷等连用,如花卷、千层油糕、面条等。几乎所有的饼类制品都要用擀法成型,工具的不同,擀皮的要领不一样。

实 例

韭菜盒子

❖ 原料

面粉 500 克、开水 300 克、韭菜 500 克、鸡蛋 3 只、虾皮 20 克、葱姜末各 30 克、盐 10 克、味精 10 克、花椒粉 5 克、香油适量

❖ 工艺流程

烫面→拌成雪花状→洒冷水揉面→饧面→擀皮→上馅→熟制

❖ 制作流程

1. 面粉放盆中,分次加入开水并用筷子搅拌成雪花状,再加适量凉水揉成较软的面团,盖上保鲜膜放一旁静置饧面 30 分钟左右。

2. 韭菜洗净,切碎;鸡蛋用油炒熟,凉凉后,加入韭菜拌匀,加入虾皮,加入花椒粉、盐、味精、葱姜末,拌匀,加入香油即可。

3. 醒发好的面团反复揉搓至表面光滑,下剂约 40 克,擀成直径约 18 厘米的圆形面皮,加上馅心,将面皮对折,并沿边捏紧,再捏出绳索边即可。

4. 电饼铛中倒入少量油,烧热后放入饼坯,用中火煎至两面金黄色即可出锅。

❖ 制作关键

1. 调制面团时,开水要浇匀,掌握加水量,面团应稍软些。

2. 韭菜容易出水,拌韭菜馅的时候,首先拌入色拉油,此举能使韭菜被切断的

切口,被油脂封住,往外渗出的水分就少了。

3.炒好的鸡蛋一定要凉凉,才可以放入韭菜中,否则温度太高也会使韭菜出水,盐应在包制前放入馅料中。

❖ 风味特色

造型美观、鲜嫩可口。

❖ 相关面点

面发千层饼、炸面叶等。

第八节　按

　　按又称压、揿,是用手将坯料按压成型的方法。主要用于制作形体较小的包馅面点,如馅饺、酥饼等。用手按速度快,较有分寸,不易挤出馅心。操作时用力要适当,并转动面坯按压。也常作辅助手段使用,配合包、印模等成型技法。

　　按可分为手指按和手掌按两种。手指按则是用食指、中指和无名指三指并排,均匀按压面坯;手掌按是用掌跟按面坯。

　　按的成型品种较多,操作要点是:用力要均匀,一般多用掌跟,包馅品种应注意按的动作要轻重适度,防止馅心外露。对成品的基本要求是薄厚一致,大小均匀,无露馅。

实 例

南瓜饼

❖ 原料

南瓜 500 克、糯米粉 500 克、白糖 200 克、豆沙馅、面包糠 150 克、油适量

❖ 工艺流程

南瓜蒸熟→加入白糖、糯米粉→成团→包馅→成型→成熟

❖ 制作流程

1.南瓜洗净切块放蒸屉中,大火蒸十五分钟,蒸熟后待凉,用刀压成泥。

2.将白糖、糯米粉加入蒸熟的南瓜泥,揉成面团。

3.将糯米面搓成条状,下剂,在手掌上按扁,包入豆沙馅,收口,按成圆饼形,沾上一层面包糠即成生坯。

4.锅内油烧至四成,下入饼坯,炸至金黄色即可。

❖ 制作关键

1.根据南瓜的含水量,掌握糯米粉的用量。

2.注意炸制的油温。

❖ 风味特色

外酥里糯,香甜适口。

❖ 相关面点

糖糕、火腿萝卜丝酥饼。

第九节 揉

揉又称搓,是一种比较简单的基本成型技法。揉是将下好的剂子用双手互相配合,搓揉成圆形或半圆形的团子。一般用于制作高庄馒头、圆面包、寿桃等。揉的方法有双手揉和单手揉,形状一般有蛋形、半球形、高庄形等。

1.双手揉

双手揉又可分为揉搓和对揉。

(1)揉搓

取一个面剂,左手拇指与食指分开挡住面剂,掌跟着案,右手用掌跟按住面剂向前推揉,然后用掌跟将面剂往回带,使面剂沿顺时针方向转动。当面剂底部光滑的部分越来越大,揉褶变小时,将底部收紧口。将面坯翻过来,光面朝上呈半球形或柱形。

(2)对揉

将面剂放在两手掌中间对揉,使面剂同进旋转,致面剂表面光滑,形态符合要求即成。此法适用于团类、丸子类制品。

2.单手揉

双手各取一个剂子,握在手心里,放在案上,用掌跟按住向前推揉,右手逆时针转动,左手顺时针转动,其余四指将面剂拢起,然后再推出,再拢起,使面剂在手中向外转动,双手在案板上呈"八"字形,往返移动,致面剂揉褶越来越小,光滑部分越来越多,将底部收紧口呈圆形时竖起即成馒头生坯。如高庄馒头制作。

揉制面剂时要达到表面光洁,不能有裂纹和面褶出现,内部结构紧密,收口处要揉得越小越好,并将收口朝下,成为底部。

揉成型后的半成品形状要大小一致,整齐均匀。

实 例

馒头

❖ 原料

面粉500克、酵母5克、泡打粉5克、白糖20克、水150克

❖ 工艺流程

面粉过筛→拌成雪花状→成团→揉面→搓条→下剂→成型→蒸熟

❖ 制作流程

1.面粉、泡打粉拌匀后过筛，开窝，加入酵母、白糖，加入水，调匀成团，饧面约 10 分钟。

2.揉搓。取一个面剂，左手拇指与食指分开挡住面剂，掌跟着案，右手用掌跟按住面剂向前推揉，然后用掌跟将面剂往回带，使面剂沿顺时针方向转动。当面剂底部光滑的部分越来越大，揉褶变小时，将面坯翻过来，光面朝上做成一定型态即成。

3.生坯放入笼内，静置发酵后，旺火蒸约 15 分钟。

❖ 制作关键

1.掌握面团的软硬，面团应稍硬些。

2.注意面团的发酵时间。

❖ 风味特色

色泽洁白，口感暄软。

❖ 相关面点

窝窝头、高庄馒头等。

第十节　包

包是将制好的皮子上馅后使之成型的一种技法。包的手法在面点制作中应用极广，很多带馅品种都要用到包法，如烧卖、春卷、汤团、各式包子、馅饼、馄饨，以及较特殊的品种粽子等。包法常与其他成型技法如卷、捏等结合在一起成型，也往往与上馅方法结合在一起，如包入法、包拢法、包裹法、包捻法等。

包法因制品不同，而有不同的操作方法。

1. 提褶包法

用左手托皮，手指向上弯曲，使皮在手中呈凹形，右手用刮子抹上馅，用右手拇指、食指在面皮的一端隔皮相对，两手指捏紧面皮，右手拇指带着面皮向前走，食指向后滑动一下，捏出一道花纹。同理，左手四指顺势使面皮旋转一圈，如此反复，当面皮旋转一圈，右手也捏出一圈花纹，即成提褶包。主要用于小笼包、大包等包子类面点制品。

提褶包法的技术难度较大，需要一边提褶一边收拢，最后收口、封嘴。一般提褶制品的褶子要求清晰，纹路要稍直，一般应不少于18褶。

2. 烧卖包法

托皮上馅方法同提褶包。用左手托住皮子，右手持馅挑把馅心刮入皮子中心，随即以左手五指轻轻掐起捏拢，恰好掐合烧卖皮的颈口，让馅心微露口外，皮子边沿交错折压均匀呈荷叶状，随后在手心转动几下。同时，用大拇指和食指从腰处再捏，挤出多余馅心，用刮子刮平，不要封口，要在口上能见到馅心，最后在馅心上点缀色彩鲜艳的配料，包成石榴形烧卖。

3. 馄饨包法

馄饨多以面皮、肉馅为主，佐以精盐、胡椒粉、味精、酱油、猪油、香油、葱花以及高汤等。因馅料、汤料、吃法、调味等差异，有煮馄饨、炸馄饨、炝馄饨、三鲜馄饨、虾肉馄饨、鸡肉馄饨、馄饨面等。具有皮薄馅多、馅肉鲜嫩，有嚼劲的特点。具体有以下几种包法：

(1) 官帽式包法

馅料放在薄的大馄饨皮中间，沿着对角线对折成三角形，在面皮两端各抹少许水，用手拿起来折叠后按紧，只折一端，另一端还是呈三角形直立。

(2) 枕包式包法

馅料放在厚的大馄饨皮中间，对角相互对折，左边抹少许水后折上来，右边抹少许水搭上去,让封口朝下,反扣朝上放。

(3)伞盖式包法

将肉馅用刮刀抹一层在薄的大馄饨皮上,用指甲将边上四周聚拢,左边抹少许水后折上来,再用虎口捏紧封口,一扣成型,即成伞盖式。

(4)抄手式包法

肉馅放在小馄饨皮中间,沿对角线折成三角形,在其中一角沾点水,将另一角折叠上去成抄手状,将两端拉整齐使馅料在中间鼓起,形成两端翘起的元宝形状。

馄饨有多种包法,最常见的叫捻团包法,即左手拿一沓方形薄皮,右手拿筷子挑上馅心,抹在皮的一角或一头,并顺势朝内滚卷两卷,抽出筷子,将两头粘在一起,即成捻团馄饨。另一种方法是将肉馅抹在皮子的中间,连续对折两次,再将一头靠里的一面涂点水或肉泥,与对称的另一头的里层黏合起来,即形成了蝴蝶形的馄饨又叫大馄饨。

4.汤圆包法

将出好剂的小面团稍稍搓圆致纯滑,用拇指在中间按出一个洞,然后捏成小窝。填入适量的馅料,收口捏紧,搓成圆形尖。

其他像无褶包、馅饼包法与汤团相似,只是无褶包需剂口朝下放,馅饼需用手按成扁圆形。

5.春卷包法

将春卷皮平放在案板上,将馅心放在皮坯的中下部成长方形,将下侧的皮向上叠盖在馅心上,两头往里叠,再将上侧的皮向下叠盖在皮上。叠时均抹一点水粘住皮坯,将加馅的春卷皮平放在案板上,提起一边折盖在馅上,左右两侧也往里相对折叠,向前叠在皮上,收口边沿抹少许面糊粘住,成为长方形(一般规格为10厘米×3厘米)。

6.粽子包法

粽子形状较多,有三角形、四角形、菱角形等。以菱角形粽子的包法为例,先把两张粽叶拼在一起,扭成锥形筒状,灌进湿糯米,放入馅心,将粽叶折上包好,用绳扎紧即成。

包制时要将馅心包在面皮的正中间。

实 例

雨花汤团

❖ 原料

糯米粉320克、可可粉20克、吉士粉50克、豆沙馅适量

❖ 工艺流程

和面(三种面团)→擀制→成型→成熟

❖ 制作流程

1.糯米粉170克加入适量温水,揉成白色粉团;另将糯米粉75克加入可可粉20克和适量温水,揉成褐色粉团;另将糯米粉75克加入吉士粉50克及适量温水,揉成黄色粉团。

2.三份粉团擀成(或用手压成)大小相同的片后,三片重叠在一起,再一切为二再重叠,稍按压平后,用刀切成条状,再横切成小剂子。

3.取小剂子,从横切面上方按扁成片状,包入馅料,揉搓光滑后即成雨花汤圆生坯。

4.锅放清水烧沸,下入生坯,改小火保持锅中沸而不腾状,煮至汤圆浮至熟,捞入碗中。

❖ 制作关键

1.三种面团的软硬程度要一致。

2.包馅时将馅心包在正中间。

❖ 风味特色

色泽美观,软糯香甜。

❖ 相关面点

莲蓉甘露酥、馄饨等。

第十一节　卷

卷是将擀好的面皮经加馅、抹油或直接根据品种要求，卷合成不同形式的圆柱状，并形成间隔层次的成型方法。然后可改刀制成成品或半成品。这种方法主要用于制作花卷、凉糕、葱油饼、层酥品种和卷蛋糕等。

操作时常与擀、叠等连用，还常与切、压、夹等配合成型，按制法可将卷分为单卷和双卷两种。

1.单卷

单卷法是将擀制好的坯料，经抹油、加馅或直接根据品种要求，从一边卷向另一边成圆筒状的方法。如花卷类，卷好后切成坯，再制成如脑花卷、麻花卷、马鞍卷等。油酥制品中的卷筒酥也属单卷。

2.双卷

双卷法又分为异向双卷法和同向双卷法。

异向双卷法，是将擀制好的坯皮，经抹油或加馅后，从两头向中间对卷，卷到中心两卷靠拢的方法。操作时卷紧且两卷应粗细单卷法一致。切成坯后，可做成如意卷、蝴蝶卷、四喜卷等。

同向双卷法，是将擀制好的坯料一半经抹油或加馅后，从这头卷到中间，翻身再给另一半抹油或加馅后，再卷到中间，成为一正一反双卷筒的方法。操作时两卷要卷紧且应粗细相等。切成坯后，可制成菊花卷。

坯料要擀成厚薄一致，卷时两端要整齐、卷紧，并且要卷得粗细均匀。需要抹馅的品种，馅不可抹到边缘，以防卷时馅心挤出。

3.卷的操作要领

(1)对要抹馅料的品种，馅料不可抹在坯料的边缘或全抹在坯料的一边；

(2)卷制时可在封边上涂点水使其粘连不散；

(3)卷制时，两端要整齐卷紧，用力要适当，防止馅料挤出，影响美观且浪费原料；

(4)卷制后坯条要粗细均匀。

实 例

蝴蝶卷

❖ 原料

面粉 500 克、酵母 5 克、泡打粉 5 克、白糖 20 克,水、花生油、花椒盐适量

❖ 工艺流程

面粉过筛→拌成雪花状→成团→揉面→搓条→擀皮→成型→蒸熟

❖ 制作流程

1.面粉、泡打粉拌匀后过筛,开窝,加入酵母、白糖,加入水,调匀成团,饧面约 10 分钟。

2.案板上撒些面粉,将饧好的面团放在上面反复按揉再放在涂有花生油的案板上擀成大片,刷上花生油,均匀地撒上花椒盐;将面片从一端卷起成大卷,按扁后,用刀切成小卷,将每四个小卷竖排在一起,中间两个比左右两个往后错四五厘米距离,用拇指和中指掐住左右两小卷的后半部慢慢用力夹紧,四小卷中腰紧贴在一起,再将头尾张开即成蝴蝶形卷;上笼旺火蒸 10 分钟即可。

❖ 制作关键

1.掌握面团的软硬,面团应稍硬些。

2.注意面团的发酵时间。

❖ 风味特色

蝴蝶卷因形似蝴蝶而得名,形态逼真,口感暄软。

❖ 相关面点

糖糕、火腿萝卜丝酥饼等。

第十二节 捏

捏是将包馅(也有少数不包馅)的面剂,按成品形态要求,通过拇指与食指上的技巧制成各种形状的方法。它是比较复杂多样、富有艺术功夫的一项操作。如制作各种花色蒸饺、象形船点、糕团、花纹包、虾饺、油酥等,比较注重造型。捏常与包结合运用,有时还须利用各种小工具,如花钳、剪刀、梳子、骨针等配合。

捏有一般捏法和捏塑法两大类。

1. 一般捏法

一般捏法比较简单,是一种基础捏制法,只要把馅心放在皮子中心后,用双手把皮子边缘按规格粘合在一起即成。没有纹路、花式等,这是一种最简单的形态,如一般的水饺即属这种捏法。汤团、馅饼包馅后的收口捏制等也属一般捏法。制作关键是:馅要居中,收口处不能太薄太厚;加馅要适量,根据品种要求,掌握皮馅比例。

2. 捏塑法

捏塑法是花式面点的主要成型方法,是在坯皮包入馅心后,利用右手的拇指、食指采取提褶捏、推捏、捻捏、折捏、叠捏、扭捏、花捏等手法,捏塑成各种花纹花边的、立体的、象形的面点品种。

(1)提褶捏

提褶捏是用左手托住加馅坯皮,并用拇指控制坯边,右手拇指和食指捏住面皮的一边,两手指隔皮相对,右手拇指带着面皮向前走,食指向后滑动一下,捏出一道皱褶,同时左手四指顺势使坯皮转动一下,如此反复,当坯皮旋转一圈,右手提捏形成一圈均匀的皱褶。如各式蒸包和煎包等。要求褶纹均匀、整齐。

(2)推捏

一种是推捏皱褶,如制作月牙蒸饺,用左手虎口托住加了馅的坯皮,右手食指将外边皮向前推,右手食指和拇指配合,捏出一个皱褶,不断推捏(推捏时,拇指和食指的用力方向要向前),捏出瓦楞形褶裥,形成月牙形的饺子。使里面的边可稍高于外面的边,推捏时手用力要轻,不能伤皮破边,捏时要求褶裥均匀、清晰。

捏的另一种是推单波浪花纹,如制作桃饺,将上了馅坯皮2/5部分捏成两条边,在每条边上由上而下推捏成单波浪的花纹,将每条边的下部向上拎,粘在中部,形成两花纹。要求推捏出的波浪花纹均匀、细巧。

(3）捻捏

如冠顶饺，把圆皮的边向反面三等折起，折成一个等边三角形，在正面放上馅心，提起三个角，相互捏住边成立体三角饺，在每条边上捏出双波浪花纹，将折起的边翻出即成。要求捏出的双波浪花纹均匀、细巧。

(4）折捏

用包馅法包入馅料后，用手托住坯馅，两手食指自然弯曲抵住坯皮一边，并使两个拇指将坯皮对齐合拢，封口成型。主要用于水饺的制作。

(5）叠捏

坯皮上馅后，用大拇指和食指将坯皮的边缘提起，然后相互叠拢并捏成大小一致均匀的小孔型。如四喜饺，将加馅坯皮四等分向中间粘起，成为四个角八条边，饺子形成四个大洞，每相邻两个大眼的相邻边，中间相互叠捏起，形成四个小眼。再分别在四个大洞内填满不同的馅料。

(6）扭捏

扭捏是在包制成型的基础上，用拇指和食指先将封口的边捏拢，并用力捏出少许，用拇指将其向上翻，并向前稍移再捏成花纹。如酥盒等，将加馅的两块圆酥皮合在一起，拇指、食指在形成的边上捏上少许，将其向上翻的同时向前稍移再捏、再翻，直到捏完一周，形成均匀的绳状花边。

(7）花捏

主要是捏制象形品种，一般为花鸟鱼虫、飞禽走兽的造型。这类制品的造型变化灵活，随意性强，操作者要有一定的美术功底，同时还需要一些辅助工具，如花钳、剪刀、梳子等。如模仿各种动植物的船点、艺术糕团等，形成各种形状的手法。

捏塑法工艺要求较高，在制作时应注意：皮馅配合要适宜，要根据制品成型要求掌握加馅量，不可将馅心抹到收口处，影响成型；花式品种要制作要精细、逼真，但不可过于烦琐。

实 例

梨包

❖ 原料

面粉 250 克、酵母 3 克、泡打粉 3 克、白糖 25 克、茶叶梗 12 根，水适量、枣泥馅适量

❖ 工艺流程

面粉过筛→加水成团→揉面→搓条→下剂→擀皮→包馅→成型→蒸熟

❖ 制作流程

1.面粉、泡打粉拌匀后过筛，开窝，加入酵母、白糖，加入水，调匀成稍硬的面团，饧面约 10 分钟。

2.面团搓条、摘坯制成坯皮包入枣泥馅，捏出梨形，用茶叶梗做梨梗。

3.静置片刻，上笼用猛火蒸 8 分钟即可。

❖ 制作关键

1.掌握面团的软硬，面团应稍硬些。

2.注意面团的发酵时间。

❖ 风味特色

皮色洁白，吃口松软。

❖ 相关面点

四喜饺、汤圆、麻团等。

第十三节　钳花

钳花是指运用小工具整塑成品或半成品的方法。它依靠钳花工具形状的变化，能形成多种形态。常与包子等配合使用，使制品更加美观，使用的工具一般为花钳，有锯齿形、锯齿弧形、直边弧形等。通过花钳的钳使成品或半成品表面形成美观的花纹，从广义上讲，这些小工具成型也属模具成型。而从操作技术上讲属夹制成型的范畴。钳花成型的制品有钳花包、船点花、荷花包、核桃酥等。

实　例

灯笼包

❖ 原料

面粉250克、酵母3克、泡打粉3克、糖25克，水适量、枣泥馅适量

❖ 工艺流程

面粉过筛→加入水→成团→揉面→搓条→下剂→成型→蒸熟

❖ 制作流程

1.面粉、泡打粉拌匀后过筛，开窝，加入酵母、白糖，加入水调匀成稍硬的面团，饧面约10分钟。

2.面团揉匀、搓条、摘成10个面剂，将每个面剂搓揉光滑，按扁后包入枣泥馅心，包成球形，由上而下用平口钳捏出痕迹，成灯笼形即可。

3.待其发酵后，上笼蒸约10分钟。

❖ 制作关键

1.掌握面团的软硬，面团应稍硬些。

2.注意面团的发酵时间。

❖ 风味特色

形态逼真，为高档宴会点心。

❖ 相关面点

睡莲花、秋叶包等。

第十四节　模具

模具是指模具成型,即将生熟坯料注入、筛入或按入各种模具中制作面点成型的方法。其优点是使用方便,规格一致,能保证成品形态质量,便于批量生产,如梅花糕、月饼、苏式方糕、双色印糕、水晶杏等。常用的模具花纹图案有鸡心、桃形、梅花、蝴蝶等形态,还有各种字形图案,如"囍""寿""福""禄"等,各种纹饰的图案也多种多样。

1.模具成型的种类

模具成型大致可分为四类:印模、套模、盒模、内模。

(1)印模:它是将成品的形态刻在木板上,然后将坯料放入印板模内,使之形成图形一致的成品。印模的形状很多,印板图案非常丰富,如月饼模、松糕模等各种糕模,成型时一般常与包连用,并配合按的手法。

(2)套模:它是用铜皮或不锈铜皮制成有各种平面图形的套筒,成型时用套筒将面擀成平整坯皮的坯料,一套刻出来,形成规格一致,形态相同的半成品,如花生酥、小花饼干等。成型时常与擀连用。

(3)盒模:盒模是用铁皮或铜皮经压制而成的凹形模具或其他形状容器,规格、花色很多,主要有长方形、圆形、梅花形、菊花形等。成型时将成品或坯料放入模具中,熟制后便可形成规格一致、形态美观的成品。常与套模配合使用,也有配合使用的,品种有花蛋糕、方面包等。

(4)内模:内模是为了支撑成品、半成品外形的模具。规格、式样可随意创造,如冰淇淋筒内模等。

上述几种模具应按制品要求选择。

2.模具成型的方法

根据成型的时机不同,模具成型大体上可分为三类:生成型、加热成型和熟成型。

(1)生成型

将半成品放入模具内成型后取出,再熟制,如月饼就是在下剂制皮、上馅、捏圆后,压入模具内成型后磕出,烤熟或蒸熟。

(2)加热成型

将调好的原料装入模具内,经熟制后取出,如花蛋糕,就将调制好的蛋泡面糊倒入模具内,蒸熟或烤熟后从模具内起出冷却即成。

(3)熟成型

将粉料或糕面先加工成熟,再放入模具中压印成型,取出后直接食用。如绿豆糕就是将绿豆烤熟碾成粉,用白糖、麻油、熟面粉搅拌起黏,放入模具压印成型,直接上桌食用。

模具在使用时,一要注意安全和卫生,使用前后都要清洗;二要防止粘模,可采取抹油、拍粉、衬油纸等方法。

实 例

梅花包

❖ 原料

澄粉 500 克、生粉 100 克、盐 5 克、水 85 克、猪油适量、白砂糖 70 克、鸡蛋 2 个、吉士粉 15 克、牛奶 60 克、黄油 400 克

❖ 工艺流程

和面→ 制馅→包馅→成型→蒸熟

❖ 制作流程

1.清水放入锅内烧开,改为小火,加入盐,倒入澄粉和生粉搅拌均匀,加盖焖几分钟,倒在案上,揉至光滑,加入猪油揉匀即可。

2.将黄油搅匀,分 3 次加入白砂糖,边加边搅拌,同样分 3 次放入蛋液并不停地搅拌,然后倒入牛奶,再放入吉士粉和 20 克澄粉调匀成面糊。上笼蒸约 30 分钟,其间每隔 5 分钟搅拌一下,制成奶黄馅。

3.将和好的面团揉均匀,下剂,擀成面皮,包入奶黄馅,然后入模具压出花纹,最后上笼旺火蒸约 3 分钟,改小火继续蒸约 2 分钟即成。

❖ 制作关键

调制面团时,生粉和澄粉要用开水烫匀,掌握加水量。

❖ 风味特色

色泽洁白,馅心香甜,形态美观。

❖ 相关面点

月饼、绿豆糕等。

第十五节　滚粘

滚粘是将馅心加工成球形或小方块后通过着水增加黏性，在粉料中滚动摇晃，让蘸水的馅心在干粉中来回滚粘，然后再蘸水、再滚粘，反复多次，使表面粘上多层粉料的方法。如北方的摇元宵、江苏盐城的藕粉圆子即是用这种成型方法。以北方的摇元宵为例，先把馅料切成小方块形，洒上些水润湿，放入装有糯米粉的簸箕中，用双手拿住簸箕匀速摇晃。馅心在干粉中滚动粘上了一层干粉。拾出，再洒些水，入粉中滚动，又粘上一层，如此反复多次滚粘成圆形元宵，元宵的馅心必须干韧有黏性，并切成大小相同的方块，才能粘住干粉，滚粘后规格一致。过去都是人工手摇元宵，劳动强度大，现在普遍改用机器摇元宵，产量高，质量也比较好。

滚粘法现在也普遍用于粘芝麻、椰丝等的操作，如麻团、椰丝团等常用此种方法。

实　例

糯米糍

❖ 原料

糯米粉 300 克、炼乳 20 克、白糖 60 克、温水适量、椰蓉 1 小包、豆沙馅适量

❖ 工艺流程

和面→下剂→包馅→揉圆→蒸熟→滚粘椰蓉

❖ 制作过程

1. 把糯米粉、炼乳、白糖加入水，调制成团。
2. 面团下剂，包入豆沙馅，揉成圆球形。
3. 蒸盘上面要淋一层油，摆入生坯，蒸约 8 分钟，取出滚粘上椰蓉即成。

❖ 制作关键

调制面团时，生粉和澄粉要用开水烫匀，掌握加水量。

❖ 风味特色

软糯可口，香甜味美。

❖ 相关面点

元宵、藕粉圆子等。

第十六节　镶嵌

镶嵌是通过在坯料表面镶装或内部填夹其他原料而达到美化成品、增调口味的一种方法。用此法成型的品种，不再是原来的单调形态和色彩，而是更为鲜艳、美观，尤其是有些品种镶上红绿丝等，不仅色泽雅丽，而且也能调和品种本色的单一化。镶嵌物可随意摆放，但更多的是拼摆成有图案的几何造型。此法常用于八宝饭、米糕、枣饼、百果年糕、松子茶糕等品种的制作。镶嵌时，须利用食品原材料本身的色泽和美味，经过合理的组合与搭配，镶嵌在食品表面，以增加成品的色泽和口味。镶嵌是一种美化成型工艺，操作无一定的规范手法和要求。镶嵌可具体分为以下几种方法：

1. 直接镶嵌

如枣糕、枣饼、蜂糖糕等，成熟前在糕坯上镶上几个红枣肉粒、青红丝等，要求分布匀称。

2. 间接镶嵌

即把各种配料和粉料拌和在一起，制成成品后表面露出配料，如赤豆糕、百果年糕、五仁玫瑰糕等，要求配料分布均匀。

3. 镶嵌料分层夹在坯料中

如夹沙糕、三色糕等，要求夹层厚薄均匀，夹馅不宜太厚，防止与糕坯分离。

4. 借助器皿镶上

如八宝饭、山药糕、喇嘛糕等则是先把配料铺放在碗底，摆成各式图案，加糯米、馅心等平口后蒸熟，取出倒扣于盘内，表面形成优美图案。要求色彩配制要和谐。

5. 配料填在坯料本身具有的洞腹中

如糯米甜藕，即是将糯料填入藕孔中，盖上，成熟凉凉，切片即为红藕嵌白米。

镶嵌时，须利用食用性原料本身的色泽和美味，经过合理的组合和搭配，镶嵌在制品表面以美化制品，增加口味和营养。操作时要根据制品的要求和各种配料的色泽、形状及食用者的要求而掌握。

除此之外，还有芝麻、樱桃、椰丝、面包糠等饰料在制品外面点绘成一定型态的装饰技术；用染色糖粉、碎果仁、碎花果等饰料铺撒作花心、花蕊的装饰技术；用果仁、水果、蔬菜等饰料拼摆于制品表面的装饰技术等。

实 例

八宝饭

❖ 原料

薏仁米 50 克、白扁豆 50 克、莲籽(去心)50 克、红枣 20 个、核桃仁 50 克、龙眼肉 50 克、糖青梅 25 克、糯米 500 克、白糖 100 克、猪油 50 克

❖ 工艺流程

原料加工→装碗→蒸制→扣盘→淋汁

❖ 制作流程

1.将糯米加入冷水,泡 4 个小时,沥尽水分后,蒸约 20 分钟取出,凉后拌入适量白糖和猪油。

2.莲籽、红枣泡发,核桃肉炒熟。

3.取大碗一个内涂猪油,碗底摆好青梅、龙眼肉、枣、核桃肉、莲子、白扁豆、薏仁米,最后放熟糯米饭,再上蒸锅蒸 20 分钟,把八宝饭扣在大圆盘中,再用白糖加水熬汁,淋在八宝饭上即可。

❖ 制作关键

糯米须提前蒸熟,装碗时碗内一定要涂抹一层猪油。注意蒸制时间。

❖ 风味特色

造型美观,甜糯适口,健脾益胃,补肾化湿。

❖ 相关面点

红枣发糕、山药糕、糯米藕等。

第五章

面点馅心制作

第一节　馅心的分类、作用和要求

一、馅心的定义

馅心又称馅子，是指将各种制馅原料经过加工调制后包捏或镶嵌入米、面等坯皮内的"心子"。它与主坯相对应，经过单独处理后再与坯皮组合成型，形成面点。

制作馅心是一项有较高技术要求的操作，它决定了面点的口味，影响着面点的形态，形成了面点的特色，增加了面点的花色品种。制馅是面点制作过程中重要的环节。

制作馅心，一般要经过调味和烹调过程，但在制作上与一般菜肴有所不同。要掌握馅心的水分和黏性；选料要恰当；馅料要细碎；处理要恰当；馅心的口味稍淡；要根据面点成型特点制作馅心。

面点成型后的形态多种多样，能否保持面点形态成熟后"不走样"，与馅心的制作有很大关系。根据面点的种类不同，面点有无馅与有馅之分。有馅面点的包馅比例是指皮重与馅重之间的比例。在饮食行业中，依据包馅比例，常将包馅制品分为轻馅品种、重馅品种及半皮半馅品种三种类型。

二、馅心的分类

馅心的种类随着馅料的变化而增加，种类繁多，花色不一。但大致可从口味、原料性质、制作方法三个方面加以分类。

1.按馅心口味分

可分为咸馅、甜馅、复合味馅三种。

咸馅是以肉、菜为原料，使用油盐调味烹制或拌制而成；甜馅主要是以糖为基本原料，再辅以各种干果、蜜饯、果仁等原料制作而成；复合味馅是在甜馅的基础上稍加食盐或其他原料（如香肠、火腿、烤鸭、腊肉、叉烧肉等）调制而成。

2.按原料性质分

可分为荤馅、素馅、荤素馅三种。

荤馅主要是用动物原料调制而成；素馅主要是用植物性原料调制而成；荤素馅则是动物性原料与植物性原料的综合利用，或以荤料为主，或以素料为主，或荤素料各半。

3.按制作方法分

可分为生馅、熟馅、生熟馅三种。

生馅是将生原料加入调味料直接拌制而成的馅;熟馅是馅料以过炒、煮、蒸、煨、焯、焖等烹调方法将原料加热成熟后制得的馅;生熟馅是馅料中既有生原料又有熟原料。

三、馅心的作用

1.改善制品口味

面点的口味主要由馅心来体现:其一,大多数包馅或夹馅面点的馅心在整个制品中占有很大比重,通常是坯料占50%,馅心占50%,有的重馅品种如烧卖、锅贴、春卷、水饺等,馅料多于坯料,包馅多的可以达到整个面点重量的60%至90%;其二,在评判包馅或夹馅面点制品的好坏时,人们往往把馅心质量作为衡量的标准,许多点心就是因为面点制品的馅料讲究、做工精细,巧用调料,使制品达到"鲜、香、嫩、润、爽"等特点而大受人们的欢迎,这些都反映馅心的质量。

2.影响面点的形态

馅心与制品的成型有密切关系。馅心能美化成品的外形,如四喜蒸饺、凤尾烧卖等在生坯做好后,再在空洞内配以火腿、虾仁、青菜、蛋白等馅心,使制品形态更加美观;皮料包入馅心后有利于造型、入模,成熟后不走样、不塌陷,使外观花纹清晰美观,而这对馅心的软硬度、生熟有很高要求。如用于花色品种的馅心,一般应干一些,稍硬一些,这样才能撑住皮坯,保持形态不变;皮薄或油酥制品的馅心,一般情况下应用熟馅,以防内外生熟不一或影响形态;皮坯性质柔软的,馅料也应相对柔软,才有利于制品的包捏成型,如果馅料过于粗大,就不利于包捏成型。

3.形成面点的特色

面点中有许多独具特色的品种,虽与所有坯料及成型加工和成熟方法有关,但大多是通过馅心突出其风味特色。

4.丰富面点花色品种

由于馅心用料广泛,调味方法多样,加工方法多样,使馅心的花色丰富多彩,从而丰富了面点的品种。通过对馅心的变换,品种的增多,更能反映出各地面点的特色。

四、馅心制作要求

馅心制作即制馅,是指将各种原料制成馅心的过程,主要有选料、初步加工、调味拌制熟制等工序。制作方法分为两类:一是拌制法,先将原料经初步加工或经预热处理,再切成丝、丁、粒、末、沙、泥(蓉)等形状,最后加调味料拌和而成,多为生馅;二是熟制法,将原料加工成各种形状后加热调味成馅,多为熟馅。虽然馅心各有不同的制法和特点,但是馅心制作要求却大同小异。归纳起来,有如下几点:

1.馅心的水分和黏性要合适

制作馅心时,水分和黏性可影响包馅制品的成型和口味。水分含量多、黏性小,不利于包捏;水分含量少、黏性大,馅心口味粗"老"。因此,馅心调制时,要适度控制水分和黏性。

馅心调制主要有生拌与熟制两种方法。生菜馅具有鲜嫩、柔软、味美的特点,但多选用新鲜蔬菜制作,其含水量多在90%以上,而且黏性很差,必须减少水分,增加黏性。

减少水分的办法:蔬菜洗净切碎后,采用挤压或盐腌方法去除水分;增加黏性,则采取添加油脂、酱类及鸡蛋等办法。生肉馅,具有汁多、肉嫩、味鲜的特点,但必须增加水分,减少黏性。可采用"打水"或"掺冻"的办法,并加入调味品,使馅心水分、黏性适当。

熟菜馅多用干制菜泡后熟制,黏性较差;熟肉馅在熟制过程中,馅心又湿又散,黏性也差。所以,熟制馅一般都采用勾芡的方法,增加馅心的卤汁浓度和黏性,使馅料和卤汁混合均匀,以保持馅心鲜美入味。

生甜馅水分含量少,黏性差,常采用加水或油打"潮"增加水分;加面粉或糕粉增加黏性。熟甜馅,为保持适当水分,常采用泡、蒸、煮等方法调节馅心的水分;原料加糖、油炒。

2.馅料细碎

馅料细碎,是制作馅心的共同要求。馅料宜小不宜大,宜碎不宜整。因坯皮是粉料调制而成,非常柔软,如果馅料大或整,难以包捏成型,熟制时易产生皮熟馅生、破皮露馅的现象。所以馅料必须加工成细丝、小丁、粒、末、蓉(泥)等形状。具体规格要根据面点品种对馅心要求来决定。

3.馅心口味稍淡

馅心在口味上要求与菜肴一样,鲜美适口,咸淡适宜。但由于面点多是空口食用,再加上经熟制会失掉一些水分,使卤汁变浓,咸味相对增加。所以,馅心调味应比一般菜肴淡些。水煮面点及馅少皮厚的品种除外。

4.根据面点成型特点制作馅心

由于馅料的性质和调制方法的不同,制出的馅心有干、硬、软、稀等区别。制作包馅面点时,应选择合适硬度的馅心,这样,才不至于面点在熟制后"走形""塌架"。一般情况下,制作花色面点的馅心应稍干一些、稍硬一些;皮薄或油酥面点的馅心应软硬适中或用熟馅,以防影响制品形态和口味。

五、包馅面点的皮馅比例与要求

面点中的包馅比例,即皮重与馅重之间的比例关系,也是面点制作中的一个重要技术问题。

一般来说，包馅量与成型技术的高低成正比。成型技术高的，就能多包一些，成型技术低的就少包一些。但包馅量与品种的不同要求也有着密切的关系，即在各种皮料与各种馅料之间，由于品种不同，就必然存在相辅相成的组成规律，凡合乎组成规律时，就能更好地反映出不同品种的不同特色，相反则不然。以开花包为例，开花包主要反映其皮料松软、体大的特色，故只能包少量馅心，以衬托皮料，否则，必然会破坏开花包的特色。因此，包馅面点，一方面要结合面点的不同特色，另一方面也要根据成本核算规定的投料标准，进行适当的掌握，不能任意包多或包少。

从目前实际情况看，包馅可分为轻馅、重馅、半皮半馅三种类型。它们的包馅比例可作为一般的依据，但各地标准不同，只能作为掌握的参考。

1.轻馅品种

轻馅品种皮料与馅料重量所占比例分别是：皮料占 60％～90％，馅料 10％～40％。它适用两种面点：一种是皮料有显著的特色，而以馅料辅佐的品种，如开花包、蟹壳黄、盘香饼等；另一种是馅料具有浓郁香甜，多放不仅破坏口味，而且易使馅料穿底的品种，如水晶包子、鸽蛋圆子。

2.重馅品种

重馅品种皮料与馅料重量所占比例分别是：皮料占 20％～40％，馅料占 60％～80％。它适用于两种面点：一种是馅料具有显著特点，如广东月饼、春卷等，制品突出馅料，馅心变化多样；另一种是皮子具有较好韧性，适用于包制大量馅料的品种，如水饺、蒸饺、烧卖等。

3.半皮半馅品种

半皮半馅品种就是以上两种类型以外的包馅面点，其皮料和馅料所占比例分别是：皮料占 50％～60％，馅料占 40％～50％。它适用于皮料和馅料各具特色的品种，如各色大包、各式酥饼等。

第二节　咸味馅心的制作工艺

一、选料及初工

咸馅原料的荤料多选用畜肉、禽肉、水产海鲜及其制品;素料多选用时令蔬菜、干制菜、腌制菜及豆制品等。不论荤、素料都以质地细嫩、新鲜为上品。

在认真选料后,要分别进行初加工和精加工。如肉类先去骨、去皮,再按部位下料洗净;各种蔬菜要选择好洗净;干货、干料要分别涨发、整理、洗净;若原料中带有不良气味,如苦味、涩味、腥味等,要经过处理后方能做馅。

二、原料的加工形态

无论是荤、素原料,一般都要求加工成细小的形状,如加工成丝、小丁、碎粒或泥蓉等,这样既便于包捏成型,又容易成熟,避免皮熟馅生、馅熟皮烂的现象。

三、馅心的调制方法和特点

咸馅的调制方法有生拌和熟制两种。用于生素馅的原料大多是新鲜蔬菜,经择洗、刀工处理后,一般要去水分;对有异味的蔬菜要去除异味,然后加调味品再进行拌制。生素馅能够较好地保持蔬菜原有的香味和营养成分,吃起来清爽鲜嫩。用于熟素馅的蔬菜原料,一般都要经过炒、蒸、煮等方法烹制成熟,具有清香不腻、柔软适口的特点。生荤馅在制作时一般要"打水"或"掺冻",以达到汁多肉嫩、味鲜美的效果。熟荤馅的制作必须要根据原料的性质、品种对馅心的要求,采用不同的烹调方法。

咸味馅调制主要有生拌和熟拌两种方法。

1.生拌:素馅生拌水分大、黏性差,可采取挤水、压水或加干料吸水的方法,减少馅心的水分,增加黏性则可添加油脂、酱类或鸡蛋等。荤馅生拌油脂重,水分少,黏性过足,可采用掺水(掺冻)或加新鲜蔬菜及调味品的方法,降低油性和黏性,使馅心水分、黏性保持适当,包入坯皮中后,经熟制达到鲜嫩、汁多、味美。

2.熟拌:素馅熟制多用干制菜,水分少,黏性更差,要进行初步热处理和煸炒烹制,因干制菜经脱水后比较干硬,直接做馅心则干硬易散,不易包捏成型和成熟也影响馅心的口味,所以需经加热回软后方可调制。荤馅熟制需根据原料性质分别进行加热烹制,馅心多需勾芡处理,吸收溢出的水分,增加馅心的黏性。只有这样才能保持馅心脆嫩,鲜美入味。

在馅心制作中,咸味馅心是使用最多的一种馅心,由于用料广、种类多,分类标准就有所不同。按制作方法可分为生咸馅、熟咸馅、生熟咸馅三类;按原料性质可分为素馅、荤馅、荤素馅三类。

(一)咸素馅

生咸素馅是用新鲜蔬菜作为原料,配以适当的调料而制成的一类咸馅。也称为菜馅、素馅,取料于蔬菜的叶茎部位,比较鲜嫩清爽,不仅适用于制作春卷、馅饼之类,还可制作包子、饺子类等。菜馅有净素和荤素之分。净素馅就是全素馅,馅内不放任何荤腥原料,调味也不放荤油,一般以色拉油为佳;荤素馅的馅内可以放一些荤油调味,拌以海米、鸡蛋等佐料,以增加馅心的风味。

生咸味素馅指用各种蔬菜经过择洗、刀工处理、去水分、烹调处理加入调味料后调制而成的咸味馅心。生咸味素的品种很多,例如,萝卜丝馅、白菜香干馅、荠菜馅、翡翠馅、干菜馅、雪菜冬笋馅、素什锦馅、青菜馅等。

1.选料

选择新鲜、质嫩的叶茎类蔬菜,也可选择一些质脆的根茎类蔬菜,如白萝卜、胡萝卜等,去除黄叶、老叶、皮、根等不宜食用的部分,清洗干净。

2.刀工要求

用蔬菜制馅一般都需加工成丁、丝、粒、米、泥等形状。蔬菜的脆性较强,含水量较大,在制作过程中要求切要切细、剁要剁匀、整体大小一致。尤其是丝,最好用礤床擦制,这样才比较柔软,便于包捏。

3.去除异味

用蔬菜做馅往往在馅中残留少量的异味,在调制前必须采用相应的措施去除异味。常见的办法有:漂洗、焯水等,有些原料还要采用蒸制的方法才能去除异味。

4.减少水分

蔬菜的含水量较大,若直接利用,会因为水分大而影响成型制作,因此在制馅时必须将多余的水分挤出。常用减少水分的方法有:加热法、挤压法、盐腌制法、干料吸收法。加热法是利用焯水或蒸煮等加热方法去除部分水分;挤压法是用纱布包裹挤压水分;盐腌制法是利用盐的渗透原理使原料中的水分大量析出,然后再挤压水分;干料吸收法是利用干粉丝、豆腐干等吸收蔬菜中的水分。减少水分的方法可根据具体要求而定,也可几种方法同时使用。

5.调味

根据调味品的不同性质,依次加入调味品,挥发性的调味品,如麻油以及味精等宜最后加入,可避免或减少鲜香味的流失或挥发。

6.拌制

拌和馅料时,要考虑到增加菜馅的黏性,加入黏性的调味品和黏性辅料,如油脂、甜酱、鸡蛋等,拌和时宜快和均匀,以防馅料出水塌架,要随拌随用。

(二)咸荤馅

荤馅的用料广泛,凡家畜、家禽、水产、海味等都可制成荤馅。有的全部用荤料制成,有的适当加入一定蔬菜、蕈类、干货等作为配料,加工成荤素混合的馅心。质量则应达到鲜香、质嫩、味美的要求。这些特色的形成与选料、切配、调味等都有密切的关系。一般咸荤馅又可分为咸生荤馅与咸熟荤馅两类。

1.咸生荤馅

咸生荤馅是指将鲜肉(禽类、畜类、水产品类等)经过刀工处理后,加水(汤)及调味品搅拌制成,也叫生肉馅;具有鲜香、肉嫩、多卤的特点,这与选料、调味、调制都有着密切关系,适用于包子、饺子等品种。所以制作生肉馅时应注意掌握以下几个环节:

(1)选料:生肉馅应选用符合馅心要求的品质和部位的原料。要考虑不同原料具有的不同性质,以及同一种原料不同部位具有的不同特点。生肉馅原料主要是动物性原料。如猪、羊、牛、鸡、鸭、鱼、虾、蟹等。原料以质嫩、新鲜为好。如猪肉,最好选"夹心肉",因夹心肉肥瘦比例适当,绞成肉泥水量较高,制成馅才能达到鲜嫩、多卤的要求;如用牛肉,选用牛的腰窝肉或前夹肉;如用羊肉,要选用腰板肉或肋条肉。

(2)加工处理:动物性原料常带有一定的不良气味,且肉质老嫩不一。肉质老、纤维粗的牛肉,可适当加入小苏打腌制,使其肉质变嫩。对原料中带有不良气味的,如苦味、涩味、腥味等,都要经过加工处理去掉后方可制馅。如牛羊肉要用花椒水解膻,或配以香味浓郁的辅料增香。

皮冻的制作方法:皮冻大体分为硬冻和软冻两类。两种冻制法相同,只是所加汤水量不同。硬冻放原汤少,每 1000 克肉皮加汤水 1000～1500 克,比较容易凝结,多在夏天使用;软冻放原汤多,每 1000 克肉皮加汤水 2000～2500 克。如果把煮烂的肉皮从锅中取出后,用纯汤汁制成的冻称水晶冻。

制冻有选料和熬制两道工序。

选料:制皮冻的用料,常选择猪肉皮(最好选用猪脊部的肉皮),因肉皮中含有一种胶原物质,加热熬制时凝结成冻。在制皮冻时,如只用清水(一般为骨汤)熬制,则为一般皮冻。讲究的皮冻还要选用火腿、母鸡或干贝等鲜料,制成鲜汤,再熬肉皮冻,使皮冻味道鲜美,适用于小笼包、汤包等精细点心。

熬制:将肉皮洗净、去毛,将肉皮用沸水略煮一下,取出投入凉水中冲洗、去异味;放入锅中,加水或骨汤将肉皮浸没,用旺火煮至手指能捏碎时捞出肉皮,用刀剁成粒状或用绞肉机绞碎,再放入原汤锅内,加葱、姜、黄酒,用小火慢慢熬,边熬边撇去油污及浮沫,直到熬至肉皮完全粥化成糊状时盛出,冷却后即成。

(3)调味:调味是保证馅心质量的重要手段。各地由于口味和习惯的不同,在调味品的选配和用量上存在差异,北方偏咸,南方喜甜。因此,要根据顾客要求、季节、地域的具体情况而定。调味时应注意以下几点:第一,加入调味料的先后顺序要得当。加入调味料的先后顺序基本相同:首先是加盐、酱油(有的还加味精)于馅料中,经过搅拌确定基本咸味(加味精的还确定基本鲜味),也使馅料充分入味,再逐次加水搅拌,然后可按品种要求掺入冻(应在加水后进行),最后再放味精、芝麻油、葱等。第二,有些调味品要根据地方特色和风味特点投放,不能乱用;对于鲜味足的原料,应突出本味,不宜使用多种调料,以免影响风味;对于不良气味的原料,除在加工处理中应先清除不良气味外,还可选用适当的调味料来改善、增强其鲜香味;调制馅心时不宜过咸,应以鲜香为宜。第三,天气热时要现拌现用,以免影响质量。

(4)加水:即打水吃浆,俗称喂馅,又称吃水、打水,是使生肉馅鲜嫩的一种方法。肉馅加水是为了降低馅心的油重口味,使其更加鲜嫩多卤,加水量多少应根据肉的肥瘦质量、季节和馅心的需要而定,加水要在加放油脂后进行,因为动物性原料黏性大,油脂重,加水可以降低黏性,使生肉馅达到松嫩多汁。加水时应注意以下几点:第一,加水量的多少应根据制作的品种而定,水少则黏,水多则澥。如以500克肉泥为准,一般吃水量为250克左右。第二,加水必须在调味之前进行,否则,肉馅吸水量降低,或者会出现肉馅水分逸出。第三,水要分多次加入,防止肉蓉一次吃水不透而出现肉、水分离的现象。第四,搅拌时要顺着一个方向用力搅打,边搅拌边加水,搅到水加足,肉质颗粒呈胶状有黏性为止。

(5)掺冻:冻又叫皮冻。有些制品要求馅心汤多质嫩,如果单靠原料自身所含的水分是达不到要求的,并且馅心原料吃水量较少或者不能加水吃浆,这就需要把熬好的凝固冻,改刀后掺入馅心中,经加热后,这些凝固冻就变成液体,以增加馅心的汤汁。制作中常用的是猪肉皮熬制的皮冻。馅料中加入皮冻可以使馅料稠厚,便于包捏;熟制过程中皮冻溶解,可使馅心卤汁增多,味道鲜美。掺冻是南方面点常用的增加含水量的方法,有的馅心是在加水的基础上"掺冻",如小笼包、汤包、饺子等的肉馅,都掺有一定数量的皮冻。掺冻量的多少,应根据冻的种类及具体品种的坯皮性质而定。一般情况下,每1000克馅料加500克左右皮冻。如用水调面及嫩酵面等做坯皮,掺冻量可以多一些,而用大酵面作坯皮时,掺冻量则应少一些,否则,卤汁为坯皮吸收后,容易穿底漏馅。

2.咸熟荤馅

咸熟荤馅是指熟肉料以调制搅拌而成的馅。具有卤汁少、油重、味鲜、爽口的特点,一般用于热粉团花色点心和油酥制品的点心。

咸熟荤馅的制作过程有两种:

一种是将生肉料(如禽肉、水产品等)剁碎,加热烹制而成;另一种是将烹制好的熟料切成末或丁,拌制而成。

(1)生料烹制:将生料改刀(丝、末)后,下锅煸炒,加调料拌和即成。制作时应注意掌握以下几个环节:

①严格控制馅料煸炒时的汤汁,掌握好汁的数量。在烹制过程中,大部分原料易出现汤汁外溢的现象,使馅心的卤汁过多,给包捏成型造成一定的困难。对于这个问题,可适当加淀粉进行勾芡,最后使馅心卤汁浓稠,卤汁与原料包容在一起。

②根据原料的不同性质,掌握好投料次序。不同性质的原料,其耐热程度是不同的。为保持原料的鲜嫩程度,应分别下料,如春卷馅心,所用的原料一般是肉丝、笋丝、韭黄等。由于这三种原料的耐热程度不同,所以在烹制时必须先下肉丝炒,等肉丝快熟时,才能下笋丝。韭黄在制春卷时再拌入馅内,否则将严重影响馅心质量。

③煸炒时火力不宜过旺。辅料可根据季节不同加以变更。

④要掌握好调味。

(2)熟料拌制:将烹制好的熟料改刀(丁、末)后,加以调味,拌和而成。此种馅心的熟料有两种做法:一是自制。二是用买来的或加工好的熟料,如叉烧馅、叉烧肉。熟料既可自己烹制,又可去买成品。

自制熟料时应注意原料的火候不可过大,以免失去馅心的香硬风味。

(三)荤素馅

荤素馅,也称为菜肉馅,是将一部分蔬菜与一部分肉类按一定比例掺和而成。菜肉馅不仅在口味和营养成分的搭配上比较适宜,而且在水分、黏性、脂肪含量等方面也适合于制馅的要求。因此使用较为广泛。具体做法是将蔬菜切成碎丁,加盐剁成细末,挤干水分或用开水焯过,剁成细末,掺入生肉馅拌和即成。用不同的原料制作不同的馅心,常用的肉类原料有鸡肉、鱼肉、鸭肉、猪肉、牛肉、羊肉等,常用的素菜原料有青菜、菜花、雪里蕻、胡萝卜、金针菇、香菇、豆制品、木耳等,可变化出很多荤素馅来。

根据成熟可分为生菜肉馅、熟菜肉馅、生熟馅三种。

1.生菜肉馅:蔬菜瓜果剁碎,挤去水分直接混入肉馅搅拌均匀;

2.熟菜肉馅:肉料剁碎,菜料剁碎,下锅煸炒出香味之后搅拌均匀冷却制成;

3.生熟馅:肉料剁碎炒熟,混入切细的蔬菜调配而成。

常见的馅心分类表

口味	生熟	种类	
		类别	举例
咸馅	生咸馅	生蔬菜类	韭菜馅、白菜馅、翡翠馅、豇豆馅等
		干货蔬菜类	梅干菜馅、马齿苋馅等
		畜肉类	鲜肉馅、火腿馅、羊肉馅等
		禽肉馅	鸡肉馅等
		水产类	虾肉馅、鱼肉馅等
		其他类	三丁馅、菜肉馅、三鲜馅等
	熟咸馅	畜肉类	叉烧馅等
		禽肉馅	鸡肉馅等
		水产类	蟹肉馅、鱼米馅等
		干货果品蔬菜类	素什锦馅、海参丁馅等
		其他类	素五丁、韭黄肉丝馅
甜馅	生甜馅	粮油类	水晶馅、麻仁馅等
		干果蜜饯类	五仁馅、枣泥馅等
		豆类	蚕豆馅等
		水果类、花类	榴梿馅、玫瑰花馅等
		其他	脯乳馅等
	熟甜馅	豆类	豆沙馅、豌豆蓉馅等
		干果蜜饯类	枣泥馅、莲蓉馅等
		其他	五仁馅、冬蓉馅等
咸甜馅		生甜咸馅	玫瑰椒盐馅等
		熟甜咸馅	奶油蛋黄馅等
		其他	

实例一 咸味素馅

萝卜丝馅

❖ 原料

象牙白萝卜500克、冬菇50克、熟猪油50克、味精3克、盐8克

❖ 工艺流程

选料→清洗→刀工处理→去水分→拌制→调味→成馅心

❈ 制作过程

1.将象牙白萝卜削去皮、洗净,切成细末用盐腌渍,挤干水分;冬菇细末待用。

2.将切好的萝卜末等各种原料放入盆中搅拌均匀,加入调料调味。

3.炒锅内放入猪油烧热,泼在盆中原料上,搅匀即成。

❈ 制作关键

1.象牙白萝卜要用盐腌并挤干水分。

2.猪油要烧热后泼到原料上使馅心起香。

❈ 风味特色

香味浓郁,香脆可口。

❈ 适合面点品种

包子、饺子,各种饼类。

韭菜鸡蛋馅

❈ 原料

韭菜 250 克、鸡蛋 150 克、盐 6 克、味精 3 克、色拉油 10 克、香油 5 克、胡椒粉 3 克

❈ 工艺流程

选料→清洗→刀工处理→去水分→拌制→调味→成馅心

❈ 制作过程

1.韭菜择洗干净,控去水分,切成粒状待用。

2.鸡蛋打入碗中,加入 5 克盐,入油锅中把鸡蛋炒熟盛出切碎。

3.将切好的韭菜和鸡蛋碎放入盆中,先加入色拉油,再加入其他的调味料拌匀即成馅心。

❈ 制作关键

1.韭菜要控干水。

2.要先加油,可减少韭菜中的水分外溢。

❈ 风味特色

韭香浓郁,鲜香可口。

❈ 适合面点品种

包子、饺子,各种饼类。

素三鲜馅

❈ 原料

豆腐干 150 克、青菜 500 克、粉丝 100 克、色拉油 20 克、姜 10 克、葱 20 克、盐 10

克、味精10克、香油10克

❖ 工艺流程

选料→清洗→刀工处理→去水分→拌制→调味→成馅心

❖ 制作过程

1.豆腐干焯水后切成小丁；粉丝泡发切碎；青菜焯水过凉后切碎，挤干水分；姜洗净去皮切末；葱洗净切葱花待用。

2.将处理过的豆腐干，粉丝放入碗中，加入色拉油、姜末、葱花，调入调味料拌匀再加入青菜拌匀即成馅心。

❖ 制作关键

1.豆腐干焯水可去掉豆腐的腥味。

2.最后放入青菜可减少青菜中的水分外溢。

❖ 风味特色

清爽可口，香味浓郁。

❖ 适合面点品种

包子、饺子，各种饼类。

白菜馅

❖ 原料

豆腐干150克、大白菜500克、姜15克、色拉油20克、盐8克、味精10克、胡椒粉6克、香油5克

❖ 工艺流程

选料→清洗→刀工处理→去水分→拌制→调味→成馅心

❖ 制作过程

1.白菜洗净，切细丝，再剁成碎末，用盐腌15分钟，挤干水分。

2.豆腐干切碎，姜去皮洗净切末。

3.白菜、豆腐干混合，加入色拉油、姜末以及调味料拌匀即成馅心。

❖ 制作关键

白菜也可以剁碎后挤干水分。

❖ 风味特色

咸香得当，清爽可口。

❖ 适合面点品种

包子、饺子，各种饼类。

香菇青菜馅

❖ 原料

泡发香菇150克、小青菜500克、豆腐干150克、葱30克、姜10克、盐10克、胡椒粉5克、味精6克、色拉油20克、香油5克

❖ 工艺流程

选料→清洗→焯水→刀工处理→去水分→拌制→调味→成馅心

❖ 制作过程

1.青菜洗净入沸水中焯烫,捞出过凉水,剁碎,挤干水分;泡发香菇剁碎;豆腐干切碎;葱洗净切葱花;姜洗净切末。

2.将青菜放入盆中,调入色拉油、香油拌匀,再加入豆腐干、香菇及盐、味精、胡椒粉、葱花和姜末拌匀即可。

❖ 制作关键

先放香油可使青菜中的水分不外溢。

❖ 风味特色

清爽可口,香味浓郁。

❖ 适合面点品种

包子、饺子,各种饼类。

银耳萝卜馅

❖ 原料

银耳150克、青萝卜150克、胡萝卜150克、白糖6克、盐6克、味精10克、色拉油15克、香油5克

❖ 工艺流程

选料→清洗→刀工处理→去水分→拌制→调味→成馅心

❖ 制作过程

1.银耳用温水泡发后,切碎;青萝卜和胡萝卜切细碎,除去水分待用。

2.将银耳、青萝卜、胡萝卜加入色拉油拌匀后再加入白糖、盐、味精、香油拌匀成馅。

❖ 制作关键

银耳用温水泡发涨率高。

❖ 风味特色

色泽鲜艳,诱人食欲。

❖ 适合面点品种

包子、饺子,各种饼类。

黄瓜鸡蛋馅

❖ 原料

黄瓜300克、鸡蛋200克、水发木耳150克、海米50克、香菜20克、葱15克、盐10克、味精10克、色拉油20克、香油10克

❖ 工艺流程

选料→清洗→炒蛋→刀工处理→去水分→拌制→调味→成馅心

❖ 制作过程

1.锅内加10克色拉油烧至七成热,打入鸡蛋炒到嫩熟盛出,切末;黄瓜洗净去皮,切碎挤去水分;海米、香菜、木耳洗净切末;葱洗净切葱花。

2.将黄瓜、鸡蛋、海米、香菜、葱花加入盆中,放入10克色拉油、香油、盐、味精拌匀,制成馅料。

❖ 制作关键

1.鸡蛋不能炒老。

2.黄瓜也可用盐去水分。

❖ 风味特色

色泽鲜艳,软脆适口。

❖ 适合面点品种

包子、饺子,各种饼类。

胡萝卜鸡蛋馅

❖ 原料

胡萝卜300克、鸡蛋200克、虾皮20克、葱20克、姜10克、盐10克、味精10克、色拉油25克、香油10克

❖ 工艺流程

选料→清洗→炒蛋→刀工处理→去水分→拌制→调味→成馅心

❖ 制作过程

1.锅中放10克色拉油将鸡蛋炒至嫩熟、剁碎;将胡萝卜洗净切细丝,用开水烫过,捞出自然冷却后剁细;虾皮洗净;葱姜洗净切末。

2.将胡萝卜、熟鸡蛋、虾皮放入盆中,加入葱姜末,盐、味精、色拉油、香油,制成馅料。

❖ 制作关键

胡萝卜用开水烫过后自然冷却,不易失去营养。

❖ 风味特色

色泽艳丽，诱人食欲。

❖ 适合面点品种

包子、饺子，各种饼类。

菠菜鸡蛋馅

❖ 原料

菠菜 300 克、鸡蛋 150 克、胡萝卜 150 克、水发木耳 100 克、葱 20 克、姜 10 克、盐 8 克、味精 10 克、色拉油 30 克、香油 5 克

❖ 工艺流程

选料→清洗→焯水→刀工处理→去水分→拌制→调味→成馅心

❖ 制作过程

1.菠菜洗净用开水烫过，用冷水过凉后切碎、挤去水分；锅中放 10 克色拉油将鸡蛋炒至嫩熟、剁碎；胡萝卜洗净切细丝用开水烫后自然冷却剁细；水发木耳切末；葱姜洗净切成末。

2.将菠菜、胡萝卜、木耳、鸡蛋碎放入盆中，加入葱姜末，20 克色拉油、香油，盐、味精，拌制成馅料。

❖ 制作关键

1.菠菜用开水烫时间一定要短，要用冷水过凉保持绿色。

2.调味时要先用油，防止水分外溢。

❖ 风味特色

色泽鲜艳，营养丰富。

❖ 适合面点品种

包子、饺子，各种饼类。

南瓜海米馅

❖ 原料

南瓜 300 克、海米 30 克、水发木耳 100 克、葱 20 克、姜 10 克、盐 20 克、味精 10 克、色拉油 20 克、香油 5 克

❖ 工艺流程

选料→清洗→刀工处理→去水分→拌制→调味→成馅心

❖ 制作过程

1.南瓜去皮、瓤，切细丝，用少许盐腌拌，挤去水分剁碎；水发木耳洗净剁成末，海米泡发洗净切丁；葱姜洗净切末。

2.将南瓜、木耳、海米放入盆中,加入葱姜末、色拉油、盐、味精、香油,制成馅料。

❖ 制作关键

调味时要先用油,防止南瓜水分外溢。

❖ 风味特色

鲜香可口,营养丰富。

❖ 适合面点品种

包子、饺子,各种饼类。

翡翠烧卖馅

❖ 原料

油菜500克、水发香菇200克、海米20克、葱10克、姜5克、色拉油20克、香油8克、盐8克、味精5克

❖ 工艺流程

选料→清洗→焯水→刀工处理→去水分→拌制→调味→成馅心

❖ 制作过程

1.油菜去老叶洗净,开水烫过,捞出过凉,剁碎挤去水分。

2.水发香菇洗净切碎;海米泡发洗净切碎;葱姜洗净切末备用。

3.将油菜、水发香菇、海米放入盆中,加入色拉油、葱姜末、香油、味精、盐搅拌均匀即可。

❖ 制作关键

1.油菜用开水烫时间一定要短,要用冷水过凉保持绿色。

2.调味时要先用油,防止水分外溢。

❖ 风味特色

色泽翠绿,鲜香可口。

❖ 适合面点品种

烧卖、蒸饺等。

实例二 咸味生荤馅

生猪肉馅

❖ 原料

猪肉500克、酱油25克、姜末30克、盐5克、味精5克、香油10克、骨头汤(或水)250克、葱花25克、糖8克

❖ 工艺流程

选料→清洗→刀工处理→加骨头汤→拌制→调味→馅心

❖ 制作过程

1.将猪肉洗净剁成蓉，酱油喂馅，分次加入骨头汤，边加边向一个方向不断地用力搅拌，直至肉馅充分上劲，水分吃足，再加入盐、糖、姜末搅拌均匀。

2.将搅拌好的猪肉馅放入冰箱冻大约1至2小时后使用，使用时再放入味精、香油、葱花搅拌均匀即可。

❖ 制作关键

1.加骨头汤时要顺一个方向搅拌，否则不易上劲。

2.放入冰箱里冷冻以便制作成品。

3.包馅时加入味精、香油、葱花拌匀，可使香味尽量减少挥发。

❖ 风味特色

多卤汁，香味醇厚。

❖ 适合面点品种

小笼包子、饺子等。

生牛肉馅

❖ 原料

牛里脊肉500克、花椒2克、姜25克、酱油10克、味精5克、香油5克、盐10克、糖3克、水200克

❖ 工艺流程

选料→清洗→刀工处理→去加水→拌制→调味→馅心

❖ 制作过程

1.牛肉洗净剁成蓉；姜洗净切成末，花椒泡水。

2.将剁成蓉的牛肉放入盆中，加酱油喂馅，分次加入花椒水，边加边搅拌，直至吃透水，再加入姜末、盐、糖拌匀，放入冰箱冷藏1至2小时取出，最后加入味精、香油调好口味即成。

❖ 制作关键：

1.牛肉肌纤维长而粗糙，肌间筋膜等结缔组织多，肉质老韧，相对来说牛腰板肉、颈肉、前头等部位的肉，肉丝短，肉质嫩，水分多，故一般采用这部分的肉做肉馅。

2.牛肉膻味重，不仅可用花椒水解膻味，还可配洋葱、胡萝卜、西芹、大葱等辅料以增香去异味。

3.花椒水的制作，25克花椒用500克沸水泡开即成花椒水。

❖ 风味特色

味道鲜美，卤汁丰富。

❖ 适合面点品种

小笼包子、饺子等。

生羊肉馅

❖ 原料

羊肉 500 克、香菜 20 克、花椒 2 克、盐 5 克、味精 3 克、酱油 10 克、香油 5 克、葱 5 克、水 200 克

❖ 工艺流程

选料→清洗→刀工处理→加水分→拌制→调味→馅心

❖ 制作过程

1.羊肉洗净剁成蓉；花椒泡水制成花椒水；香菜洗净切末；葱洗净切成葱花。

2.将羊肉蓉放入盆中，加酱油喂馅，分次加入花椒水，边加边搅拌，直至吃透水分，加入盐、味精、香油调好味即可，用时加入葱花拌匀。

❖ 制作关键

1.羊种类较多，不同品种的羊肉质相差很大，一般选用膻味较小的部位如腰板肉、肋条肉等作馅料。

2.羊肉调味不用姜，俗话说"牛不用韭，羊不用姜"。

❖ 风味特色

鲜香味美，口感细腻。

❖ 适合面点品种

小笼包子、饺子等。

生鱼肉馅

❖ 原料

黑鱼 1000 克、水 200 克、姜 15 克、葱 5 克、黄酒 5 克、盐 10 克、酱油 15 克、味精 10 克、香油 5 克、猪肥膘 50 克、白糖 5 克、水 150 克

❖ 工艺流程

选料→清洗→刀工处理→加水→拌制→调味→馅心

❖ 制作过程

1.黑鱼洗净，去腮、鳞片、骨、刺、皮、筋后与猪肥膘肉一起剁蓉；姜切洗净末；葱洗净切葱花。

2.把剁好的肉蓉放入盆内，加水，边加边搅拌，搅拌吃浆，再加入白糖、黄酒、

姜末、盐、酱油、味精、香油调味，最后放入葱花拌匀即可。

❈ 制作关键

1.鱼肉一般选用肉质较厚，出肉率高的鱼，如鲆鱼、鲅鱼、草鱼等，要求鱼一定要新鲜无异味。

2.因鱼肉黏性小，可适当加入猪肥膘肉或猪油改善口感。

3.制作时为解腥去腻，可在拌馅时加入黄酒、少量的糖或柠檬汁。

4.有的地方将鱼肉切成小丁，用油滑熟后加入韭黄等原料和调味料一起拌制成馅。

❈ 风味特色

质感鲜嫩，口味鲜美。

❈ 适合面点品种

小笼包子、水饺、蒸饺等。

生鸡肉馅

❈ 原料

鸡脯肉 500 克、水 150 克、盐 6 克、葱 5 克、姜 10 克、味精 3 克、香油 10 克、黄酒 15 克

❈ 工艺流程

选料→清洗→刀工处理→加水→拌制→调味→馅心

❈ 制作过程

1.鸡脯肉用刀背敲烂、去筋，再剁成蓉；葱姜洗净切成末。

2.把鸡肉放入盆中，加水吃浆，再放入姜末、黄酒、盐拌匀，最后放入味精、香油、葱花拌均匀即可。

❈ 制作关键

1.鸡肉馅也可加入鸡蛋清吃浆。

2.鸡肉馅不能加水过多。

❈ 风味特色

鲜香可口，质感细腻。

❈ 适合面点品种

小笼包子、水饺、蒸饺等。

生虾仁馅

❈ 原料

虾仁 500 克、姜 80 克、盐 6 克、味精 3 克、葱 10 克、姜 10 克、蛋清 100 克

❖ 工艺流程

选料→清洗→刀工处理→加蛋清→拌制→调味→馅心

❖ 制作过程

1.将虾仁洗净切成小丁;姜洗净切末;葱洗净切葱花。

2.将虾仁丁放入盆中,加姜末拌匀,再放蛋清吃浆,然后放盐、味精,最后放葱花拌匀即可。

❖ 制作关键

1.一般选用对虾或出肉率高的虾。

2.为了突出虾的鲜味,味精要放得适量。

3.虾仁不能切得过细,否则,难以吃出虾的味道。

4.虾丁水量很少,所以要少加水,可用蛋清代替水。

❖ 风味特色

口感细嫩,味道味美。

❖ 适合面点品种

馄饨、虾饺等。

生鸡三鲜

❖ 原料

鸡脯肉 500 克、虾仁 200 克、水 150 克、海参 100 克、姜末 10 克、盐 10 克、味精 3 克、香油 5 克、葱花 5 克

❖ 工艺流程

选料→清洗→刀工处理→加水→拌制→调味→馅心

❖ 制作过程

1.将鸡脯肉剁成蓉;虾仁、海参切成小丁。

2.将鸡肉蓉先放盆中,加姜末拌匀,再分次加水吃浆,然后放盐、味精、香油调味,再放虾仁、海参、葱花拌匀即可。

❖ 制作关键

1.鸡肉蓉要先吃透水分。

2.海参要发好,不能有腥味。

❖ 风味特色

鲜香味美,风味独特。

❖ 适合面点品种

小笼包子、水饺、蒸饺等。

生肉三鲜

❖ 原料

猪肉 500 克、虾仁 200 克、水发海参 100 克、水 200 克、酱油 10 克、姜 10 克、盐 10 克、味精 3 克、葱花 10 克、香油 5 克

❖ 工艺流程

选料→清洗→刀工处理→加水→拌制→调味→馅心

❖ 制作过程

1.将猪肉洗净剁成蓉,虾仁、水发海参洗净切成小丁。

2.猪肉蓉先入盆内,加酱油喂馅,再分次加水吃浆,盐、姜末拌匀,然后放入味精、香油调味,再放虾仁、海参、葱花拌匀即可。

❖ 制作关键

1.猪肉蓉要先吃透水分。

2.虾仁丁要切大些。

❖ 风味特色

鲜香味美,风味独特。

❖ 适合面点品种

小笼包子、水饺、蒸饺等。

实例三 咸味熟荤馅

咖喱馅

❖ 原料

牛肉 500 克、洋葱 250 克、咖喱粉 7 克、色拉油 75 克、咖喱膏 5 克、白糖 5 克、老抽 8 克、生抽 5 克、味精 3 克、盐 4 克、黄酒 5 克、清汤 50 克、淀粉 5 克

❖ 工艺流程

选料→清洗→刀工处理→炒制→调味→馅心

❖ 制作过程

1.牛肉剁碎;洋葱切丁或指甲片。

2.锅烧热加色拉油 30 克煸炒牛肉,加黄酒炒熟炒散倒出。

3.锅内加色拉油 45 克略炒咖喱粉、咖喱膏,加洋葱炒香,倒入炒散的牛肉末,加入白糖、老抽、生抽、盐拌匀,加少许清汤、味精勾芡,凉凉备用。

❖ 制作关键

1.炒牛肉时要先放黄酒去膻味。

2.配洋葱更能增加香味。

❖ 风味特色

具有浓郁的咖喱味,香咸适口。

❖ 适合面点品种

适用于做花色点心、酥皮点心等。

鸡肉馅

❖ 原料

鸡脯肉 500 克、猪油 50 克、盐 6 克、鸡汤 100 克、白糖 5 克、味精 3 克、鲜笋 100 克、淀粉 5 克

❖ 工艺流程

选料→清洗→刀工处理→炒制→调味→馅心

❖ 制作过程

1.将鸡脯肉洗净、煮熟凉凉切成小丁;鲜笋切成小丁。

2.猪油在锅中烧热,煸炒鸡肉丁、笋丁出香后加鸡汤、盐、白糖、味精,待汁稍稠时勾芡,冷却后即可。

❖ 制作关键

1.鸡肉的丁应比笋丁大些。

2.勾芡时的芡汁要稍厚些,以便于包馅。

❖ 风味特色

口味醇厚,香咸适口。

❖ 适合面点品种

适用于包子、酥皮点心等。

叉烧馅

❖ 原料

猪肉 500 克、汾酒 50 克、酱油 15 克、老抽 5 克、色拉油 30 克、八角 15 克、黄酒 10 克、姜 25 克、葱 25 克、柱侯酱 15 克、白糖 25 克、淀粉 10 克、盐 15 克、蒜 10 克、香油 10 克、清汤 100 克

❖ 工艺流程

选料→清洗→刀工处理→腌渍→烤制→煨制→调味→馅心

❖ 制作过程

1.将猪肉洗净切成 4 厘米宽、10 厘米长、2 厘米厚的条;姜洗净拍块;葱洗净切段;蒜洗净拍块。

2.将切好的猪肉放入盆内,加酱油、老抽、汾酒、白糖、姜、葱、柱侯酱腌渍 2 小时左右后,用钩子将腌好的肉挂起,吊在烤炉内,烤约 40 分钟,刷点香油即好。

3.锅内放色拉油,加入八角、葱、姜、蒜炒香,加黄酒、盐、酱油、白糖、清汤烧开,再放入烤好的肉条,用小火煨至汁浓时盛出凉凉。

4.将肉条切成指甲片,加入面捞芡拌匀即可。

❖ 制作关键

1.面捞芡的制作过程。先将 300 克猪油放入锅内烧热,加入 50 克干葱炸香,捞出不要,接着加入 300 克面粉炒至淡黄色,加入 1000 克水、250 克酱油、300 克白糖搅拌至熟,即成面捞芡。

2.烧制叉烧宜选用半肥半瘦的臀肉或腿肉。

3.叉烧肉应烧入味,但不宜烧得太烂。

4.面捞芡不宜太稀薄,用量要适宜。

❖ 风味特色

口味香醇,甘甜适口。

❖ 适合面点品种

适用于包子、酥皮点心等。

蟹粉馅

❖ 原料

螃蟹 1500 克、猪油 200 克、盐 4 克、黄酒 10 克、姜 10 克、葱 10 克、湿淀粉 5 克

❖ 工艺流程

选料→清洗→炒蛋→刀工处理→去水分→拌制→调味→馅心

❖ 制作过程

1.螃蟹洗净蒸熟,剔出蟹肉剁碎;姜洗净拍破;葱洗净打成结。

2.将猪油放锅内烧热,加入姜、葱充分炸出香味来,捞出姜块、葱结后,随即放入蟹肉、黄酒煸炒至香,加入盐,用湿淀粉勾薄芡即可。

❖ 制作关键

蟹肉做好后,一般要加些鲜肉馅拌和,配合比例为:蟹粉占 60%～70%,鲜肉馅占 30%～40%。

❖ 风味特色

口味鲜美,色泽金黄。

❖ 适合面点品种

适用于包子、汤包等高档点心。

汤包馅

❖ 原料

瘦猪肉 1000 克、肥母鸡 1 只、猪皮 500 克、盐 20 克、黄酒 15 克、胡椒粉 3 克、味精 20 克、葱末 50 克、姜末 20 克、老抽 30 克、白砂糖 30 克、姜块 50 克、葱段 50 克

❖ 工艺流程

选料→清洗→焯水→煮汤→刀工处理→复煮→调味→馅心

❖ 制作过程

1.将猪肉、母鸡、猪皮洗净焯水后，捞出用冷水洗净。

2.在不锈钢锅内加入冷水上火烧沸，放入猪肉、母鸡、猪皮，加入葱段、姜块，用旺火煮沸，然后改用小火焖烂（鸡能去骨，肉可用筷子插入），葱姜捞出不要，再将猪肉、猪皮、鸡捞出。

3.将熟猪肉、熟母鸡肉分别切成小丁，猪皮用绞肉机绞碎或用刀剁成蓉，放在盛器内待用。

4.将原汤过罗后煮沸，将肉丁、猪皮蓉放回原汤内煮沸，加入老抽、黄酒、盐、葱姜末、胡椒粉、味精、白砂糖搅匀。待口味浓醇时，起锅倒入盆内，冷却后放入冰箱待用。用时从冰箱中取出，稍加搅拌即可。

❖ 制作关键

1.猪肉、母鸡、猪皮洗净焯水以便去掉血水。

2.原汤过罗以便去掉渣质。

3.盛放馅心的盆一定要干净，不能有水分，否则会造成污染。

❖ 风味特色

口味鲜香浓醇，卤汁丰富。

❖ 适合面点品种

适用于制作汤包。

实例四 荤素馅

五丁馅

❖ 原料

熟鸡肉100克、虾仁100克、水发海参100克、竹笋150克、香菇80克、白糖30克、盐4克、酱油30克、黄酒30克、味精10克、鲜汤350克、香油5克、湿淀粉10克、色拉油500克(实耗50克)

❖ 工艺流程

选料→清洗→刀工处理→腌渍→炒制→调味→馅心

❖ 制作过程

1.熟鸡肉、虾仁、水发海参、竹笋、香菇五种鲜料洗净加工成丁。

2.虾仁丁用黄酒、盐腌渍。

3.将虾仁丁用色拉油滑熟,加入鲜汤、盐、白糖烧开,加入鸡肉丁、虾仁丁、海参丁炒制;笋丁、香菇丁加入到熟馅中略烧煮,再加入黄酒、盐、味精、香油拌匀勾芡即可。

❖ 制作关键

1.芡汁要适度,不宜过厚或过稀。

2.五丁馅可以是不同的原料,用料可根据情况而变化。

❖ 风味特色

口味醇香,软脆适口。

❖ 适合面点品种

适用于制作各种花色点心,发面类、油酥类。

杂菜肉馅

❖ 原料

夹心猪肉300克、海米20克、虾仁100克、冬笋50克、水发冬菇50克、韭黄50克、猪油50克、白糖30克、盐10克、黄酒20克、味精3克、鲜汤250克、香油5克、酱油30克、湿淀粉10克

❖ 工艺流程

选料→清洗→刀工处理→炒制→调味→馅心

❖ 制作过程

1.将夹心肉、虾仁、海米、韭黄、冬笋、冬菇洗净均切成米粒状。

2.将猪油烧化,放入切碎的粒状原料(韭黄除外)倒入锅内煸炒,烹入黄酒,加

入白糖、盐、酱油、鲜汤、味精,煮沸,勾芡。用时拌入香油、韭黄即可。

❖ 制作关键

1.夹心肉肥瘦适宜。

2.夹心肉、虾仁的丁要切大些,以便突出主料。

❖ 风味特色

鲜香可口,色彩丰富。

❖ 适合面点品种

适用于制作各种花色点心,发面类、油酥类。

平菇肉馅

❖ 原料

平菇 1000 克、猪瘦肉 250 克、水 75 克、盐 10 克、味精 3 克、白糖 5 克

❖ 工艺流程

选料→清洗→刀工处理→加水分→拌制→调味→馅心

❖ 制作过程

1.将平菇洗净剁碎挤干水分;猪肉剁碎成蓉。

2.猪肉蓉放入盆中加水搅拌;加盐、白糖、味精拌匀,将剁碎的平菇加入搅拌即可。

❖ 制作关键

1.平菇要去掉水分,否则馅心会溢出水分。

2.猪肉应加水搅拌。

❖ 风味特色

绵软适口,营养丰富。

❖ 适合面点品种

适用于制作各种花色点心,发面类、油酥类。

菜肉馅

❖ 原料

猪夹心肉 500 克、水 100 克、油菜 1000 克、酱油 25 克、香油 25 克、味精 10 克、白糖 4 克、胡椒粉 1 克、盐 10 克、葱 50 克、姜 5 克

❖ 工艺流程

选料→清洗→焯水→刀工处理→拌制→调味→馅心

❖ 制作过程

1.将猪夹心肉洗净剁成蓉,放入盆内;葱择洗干净切成葱末;姜剁成末待用。

2.将油菜择洗干净,入沸水中焯至断生后捞出,用冷水过凉,剁碎挤去水分。

3.在肉蓉中加酱油喂馅,加水、胡椒粉、白糖、盐、姜末搅拌均匀,然后加入油菜、味精、香油搅拌均匀便成菜肉馅(用时加葱末)。

❈ 制作关键

1.油菜焯水时间不能太长,要保持碧绿的颜色。

2.用猪夹心肉馅心比较香且能吃水。

❈ 风味特色

鲜香可口,营养丰富。

❈ 适合面点品种

适用于制作各种花色点心,发面类。

猪肉雪菜冬笋馅

❈ 原料

肥瘦猪肉 500 克、腌制雪里蕻 500 克、冬笋 200 克、熟猪油 50 克、酱油 25 克、香油 25 克、鲜汤 50 克、味精 10 克、白糖 4 克、黄酒 25 克、湿淀粉 20 克、胡椒粉 1 克、盐 6 克、葱 5 克、姜 5 克

❈ 工艺流程

选料→泡洗→刀工处理→炒制→调味→馅心

❈ 制作过程

1.将雪里蕻用水泡去咸味,洗净挤干水分后切成末;冬笋切成小丁,在沸水中焯一下后放入鲜汤中焖制;肥瘦猪肉洗净剁碎;葱姜洗净切末。

2.在炒锅上火放入猪油烧热,加葱姜末、放入肥瘦猪肉末煸炒出香味,加入酱油、白糖、盐、鲜汤、味精、胡椒粉,再加入雪里蕻、冬笋丁拌和均匀,烧开用湿淀粉勾芡,用香油搅拌均匀即可。

❈ 制作关键

1.雪里蕻要用水泡去咸味。

2.冬笋要洗净去掉涩味。

❈ 风味特色

味道鲜香,品质独特。

❈ 适合面点品种

适用于制作各种花色点心,发面类、油酥。

卷心菜猪肉馅

❈ 原料

卷心菜 500 克、豆腐干 100 克、五花猪肉 500 克、水 80 克、姜 15 克、盐 10 克、味

精 8 克、白糖 6 克、葱 10 克、香油 15 克

❖ 工艺流程

选料→清洗→刀工处理→拌制→调味→馅心

❖ 制作过程

1.卷心菜洗净剁碎,用盐腌 15 分钟后挤干水分;五花猪肉剁蓉;姜洗净去皮切末;葱洗净切花;豆腐干切丁备用。

2.肉蓉放入盆中,加适量的水搅拌至黏稠状,放入盐、味精、白糖、香油和姜末和葱花,加卷心菜拌匀即可。

❖ 制作关键

卷心菜因含有太多水分,因此要挤去多余的水分口感才好。

❖ 风味特色

鲜香滑润,口感肥嫩。

❖ 适合面点品种

适用于制作水调面团,发面类。

榨菜肉丝馅

❖ 原料

猪肉 500 克、榨菜 250 克、姜 10 克、蒜 10 克、盐 4 克、味精 10 克、胡椒粉 8 克、酱油 30 克

❖ 工艺流程

选料→清洗→刀工处理→炒制→调味→馅心

❖ 制作过程

1.榨菜洗净,切成细丝、泡去盐分;猪肉洗净切成细丝,姜、蒜洗净切末备用。

2.将锅中放油烧热,放入姜蒜炒香,加入肉丝炒香,再放入酱油、榨菜炒香后放入盐、味精、胡椒粉拌匀后出锅即成馅心。

❖ 制作关键

榨菜因含有很多的盐分,因此要用水反复冲洗,才不会太咸。

❖ 风味特色

鲜香可口,榨菜爽脆。

❖ 适合面点品种

适用于制作饼类、春卷类点心。

茄子猪肉馅

❖ 原料

茄子 500 克、五花猪肉 250 克、花椒水 10 克、干辣椒末 10 克、葱姜末 10 克、酱油 15 克、香油 10 克、盐 6 克、味精 8 克、蒜汁 15 克

❖ 工艺流程

选料→清洗→炒蛋→刀工处理→去水分→拌制→调味→馅心

❖ 制作过程

1.茄子洗净切成小块放入沸水锅中焯水,变色时捞出过凉,剁成末后挤去水分备用。

2.五花猪肉剁成末,加入酱油、花椒水、蒜汁顺一个方向搅入味后加入茄子末、干辣椒末,葱姜末,加盐、香油、味精拌匀即成馅心。

❖ 制作关键

1.五花猪肉要打上劲后再加入茄子末。

2.不喜欢食辣椒者,可以不用辣椒。

❖ 风味特色

蒜香浓郁,口感软香。

❖ 适合面点品种

包子、饺子,馅饼等。

韭菜猪肉馅

❖ 原料

五花猪肉 500 克、韭菜 250 克、海米 20 克、花椒水 50 克、盐 10 克、味精 5 克、色拉油 25 克、香油 8 克、酱油 15 克

❖ 工艺流程

选料→清洗→刀工处理→加水分→拌制→调味→馅心

❖ 制作过程

1.将韭菜洗净、控水、切末加色拉油拌匀;海米泡发切成小丁。

2.五花猪肉切剁成蓉,加酱油、花椒水、盐顺一个方向搅拌上劲后加入海米搅拌成糊,香油、味精拌匀即成馅心。使用前加入韭菜。

❖ 制作关键

1.韭菜要先洗净、控水,否则馅心里容易出水。

2.韭菜要在使用时拌进肉馅里,否则也易出水。

❖ 风味特色

韭香浓郁,鲜香可口。

❖ 适合面点品种

包子、饺子等。

虾仁木耳馅

❖ 原料

鲜虾仁 500 克、水发木耳 200 克、肥膘肉 50 克、葱姜末各 10 克、花椒水 10 克、胡椒粉 5 克、色拉油 10 克、香油 5 克、盐 10 克、味精 5 克

❖ 工艺流程

选料→清洗→刀工处理→拌制→调味→馅心

❖ 制作过程

1.将鲜虾仁洗净,切细丁;水发木耳洗净切细丁;肥膘肉切丁备用。

2.将鲜虾仁、木耳、肥膘肉放入盆中加入花椒水顺一个方向搅成糊,加葱姜末、盐、味精、色拉油,搅拌成馅心。

❖ 制作关键

鲜虾仁要去掉虾筋。

❖ 风味特色

鲜嫩可口,咸鲜香润。

❖ 适合面点品种

饺子、馄饨等。

糯米烧卖馅

❖ 原料

糯米 500 克、粳米 100 克、猪夹心肉 250 克、冬笋 200 克、高汤 100 克、葱 10 克、姜 5 克、色拉油 100 克、香油 15 克、盐 15 克、味精 8 克、白糖 20 克

❖ 工艺流程

选料→清洗→泡米→蒸米→刀工处理→炒制→调味→拌馅→馅心

❖ 制作过程

1.糯米、粳米洗净,用水泡 24 小时,上笼蒸熟。

2.猪夹心肉洗净切小丁;冬笋洗净切丁;葱、姜洗净切末备用。

3.锅内加色拉油烧热后,放入葱姜末,再加入猪肉丁煸炒,加高汤、盐、白糖、味精、香油,最后加入蒸好的糯米和粳米,搅拌均匀即可。

❖ 制作关键

1.糯米和粳米要在蒸前吃透水分,蒸好后才能保证米粒饱满。

2.炒肉时要放高汤,以便使糯米和粳米能入味。

❖ 风味特色

口感软糯,香甜可口。

❖ 适合面点品种

烧卖等。

第三节 甜味馅心的制作工艺

甜馅是一种重要的馅料,在面食中占有重要的位置,运用十分广泛,品种也是举不胜举。甜食是我国人民特别是南方人非常喜爱的品种,甜食从原料、制作过程、花色、口味等方面都有不同的特点,形成了很多的品种。

甜味馅是一种以糖为基本原料,再辅以各种干果、蜜饯、果仁等原料,采用各种烹制和调味方法制作而成的馅心。甜馅按其制作特点分为:泥蓉馅、果仁蜜饯馅、糖馅三种。

甜馅主要以糖、油、面、果料及其他辅料构成,利用它们各自的工艺性质,调节它们之间的比例,采用不同工艺,可制作出不同风味的馅料,而糖、油、面及辅料对馅心的形成和制品加工起着重要的作用。

一、甜馅制作步骤

甜馅有生甜馅和熟甜鲜之分:

生甜馅是以蔗糖为主要原料,配以粉料和果料,经拌和而成的一类甜馅。加入的果料主要有果仁和蜜饯,果仁有瓜子、花生、核桃、松子、榛子、杏仁、芝麻等。蜜饯有青红丝、桂花、瓜条、蜜枣、杏脯等。生甜馅的特点是:松爽香甜、甜而不腻,且带有各种果料的特殊香味。

熟甜馅是以植物的种子、果实、根茎等为主料,用油、糖炒制而成的一类甜馅。因加工中将其制成泥蓉状,所以也常称为泥蓉馅,是制作风味点心和花色点心的理想馅料。它具有细软、油润、甜而不腻、果料味香浓的特点,常见的有豆沙、枣泥、山药泥、莲蓉等。熟甜馅使用十分广泛,是人们经常制作的馅心之一。

1.选料。加工生甜味馅所用果料较多,果料很容易被虫伤鼠害,引起部分霉烂变质。因此,应先去掉霉烂变质部分,并除去泥沙、杂物。果料一般都有皮、核、壳等不能食用的部分,也要去除。如核桃仁要去掉硬壳。去皮的方法有先烘烤再搓去外皮,也有用清水泡过后再剥去外皮的。蜜饯、果脯之类要先用温水漂洗干净,再用干布蘸去水分,然后再切成小丁。用于生甜馅制作的肉类原料种类较少,常用的只有猪板油和猪肥膘。但它们也是经常使用的甜味馅心,同时也是其他很多甜味馅心的配料。

2.腌制和初步熟处理。制作生甜味馅时为了去除原料的异味,增加原料的香味,改善原料的色泽和工艺特性,有些原料需要进行腌制和初步熟处理。如用于之水晶馅的猪板油需要先用盐、料酒腌制，再用糖渍，猪肥膘则需要进行焯水处理，芝麻、花生、桃仁、松子仁、瓜子仁等则要先进行炒至成熟，增加其香味，而用来作为填充黏合剂的面粉则一般要先蒸制、炒制或烘烤成熟。

3.拌制。生甜味馅的基础原料是糖、油、熟面粉或糕粉，糖在生甜味馅中不仅起到调味的作用，还起着黏合剂的作用，能把各种果料、蜜饯粘连在一起，在生甜味馅中，充当黏合剂的还有果酱、猪油、熟面粉等，这样才能使果料均匀地掺和在一起，并融为一体。

熟面粉除了有黏合作用外，在用纯糖做馅心时，还可起到防止成品塌底，便于咬食的作用，因为用纯糖作馅心，在加热过程中糖熔化成液体，极易外溢，食用时也不方便，加热面粉是调制生甜馅中的一个关键，加多了馅心干燥，加少了起不到作用，检验标准是加粉后用手搓匀搓透，能捏成坨即可。

油除了起黏合剂作用外，还能调节馅心的干湿度，增加馅心的鲜香味道。

二、甜馅的基本构成和作用

糖：糖是甜馅的主体，有一定的甜度、黏稠性、吸湿性、渗透性等，不仅可以增加甜味，还可以增加馅心的黏结性，便于馅料成团，并有利于保证馅心的滋润，使其绵软适口，有利于馅心的保存等。一般调馅用的糖有白砂糖、糖粉、绵白糖、上等饴糖等。

油：油在馅心中起滋润配料，便于配料的彼此黏结，增加馅心口味的作用。一般制馅用的油脂有猪油、花生色拉油、豆油、黄油、芝麻油等。

面粉：馅心加入面粉，可使糖在受热熔化时使糖浆变稠，防止成品塌底、漏糖。若不加面粉，糖受热变成液体状，体积膨大，易使制品爆裂穿底而流糖，食用时易烫嘴。

馅心中使用的面粉一般要经过熟化处理，蒸或炒制成熟，拌入馅心中不会形成面筋，使馅心在制品成熟时避免夹生、吸油或吸糖后形成硬面团，使制品酥松化渣，如水晶馅就是用猪板油、白糖、熟面粉制成的。加入馅心中的面粉可用米粉或豆粉代替，同样可防止制品爆裂穿底而流糖。

辅料：甜馅中的果料、果肉料等被称为辅料，对甜馅的风味构成起着十分重要的作用，并对馅心的调制、制品的成型成熟有较大影响。一般果料、果肉料等宜切成丁、丝、糜等较小的形状，尤其是一些硬度大的辅料如冰糖、橘饼等，要尽量小，但不能过于细碎。总的原则是，对突出其独有风味的辅料，在不影响制品成型成熟的前提下应稍大，以突出其口感。

三、甜馅的种类

(一)泥蓉馅

泥蓉馅主要是以植物的果实或种子为原料,经加工而制成的一种甜馅,它包括豆沙馅、枣泥馅。泥蓉馅常用的原料有赤小豆、红枣、芋薯、莲子等。在制馅过程中必须经过洗泡、蒸煮、制泥蓉、炒制、调味等过程。洗、泡的目的是除去干瘪虫蛀,使之吸足水分,为蒸煮打下基础。蒸煮的目的是使原料更为软烂,便于制作泥蓉。

1. 制作泥蓉的三种方法

(1)用铜筛擦制,去除果皮;

(2)将根茎原料用刀塌至细腻;

(3)用机器绞制。

制泥蓉的目的是使馅料更加细腻。炒制的目的是将原料多余水分蒸发,让糖、油等滋味更能入味。

泥蓉馅是以植物的果实或种子为原料,先加工成泥蓉,再用糖、油炒制而成的馅心,馅心经炒制成熟,目的是使糖、油熔化与其他原料凝成一体。具有馅料细软、质地细腻、甜而不腻,并带有果实香味的特点。

2. 泥蓉馅的制作工艺

(1)洗、泡。不论选用哪种原料,首先要除去干瘪、虫害等不良果实,清洗干净,对豆类和干果应用清水浸泡使之吸收一些水分,为下一步的蒸或煮打下基础。对根茎菜类如甘薯、山药应洗净去皮。

(2)蒸、煮。蒸煮是为了让原料充分吸水而变得软烂,以便下一步制作泥蓉。一般果实等质地干硬的原料适宜使用煮的方法,煮时先用旺火烧开,再改用小火焖煮,放少量碱粉可缩短煮的时间。

(3)制泥、蓉。方法有三种:一是采用特制的铜筛擦制而成,原料中不易碎烂的果皮、豆皮等留在筛中,起到过滤的作用,使制得的馅料精细、柔软,但这种方法制作的速度慢;二是对于根茎类原料,应采用塌制的方法,反复塌制馅料至细软为止;三是用绞肉机绞制原料,使原料成为泥、蓉,这种方法制得的馅料比较粗糙,果皮、豆皮等纤维含在其中,口感也不是太好,但速度快、产量高。泥与蓉的制作过程基本相同,只是泥比蓉粗些,制好的馅心更稀一些。

(4)加糖、油炒制。炒制的方法可先加糖炒制,后加馅料炒制,也可先加馅料炒制,再加糖炒制;或炒制时要不停翻动,炒匀,炒熟,以防煳锅。

实 例

豆沙馅

❖ 原料

赤豆 500 克、凉水 1400 克、白糖 375 克、红糖 250 克、纯碱 5 克、猪油 150 克、植物油 150 克

❖ 工艺流程

选料→清洗→煮熟→洗沙→炒制→馅心

❖ 制作过程

1.将赤豆用清水洗净除去杂质;加凉水 1400 克下锅,加入 5 克纯碱,先用旺火烧开,然后改为用文火煮至豆烂,取出凉凉。

2.将煮烂的赤豆放入铜筛中,加水搓擦,豆沙沉在桶底,滗去清水,盛入布袋内挤去水分。或用机器取沙,将赤豆放入取沙机中,开动机器,再经过孔径 1 厘米的铜筛,湿豆沙沉入钻桶,盛入布袋内挤去水分成沙块状。

3.将锅烧热,放入部分猪油和部分植物油,加入白糖炒匀,倒入豆沙料用木铲不停翻炒,炒的过程一般分三次加油,炒至豆沙中水分快干时放入粉碎的红糖继续炒,至水分基本收干,关火,加第三次油,推炒均匀至豆沙吐油翻沙,浓稠不粘锅,出锅即成。

❖ 制作关键

1.煮制时北方习惯加纯碱,南方习惯加小苏打,这样煮豆时易烂。

2.煮制时间要适宜,一般用手捏检验煮的程度,当用手捏豆时成粉状即可关火。

3.擦沙时应尽量将豆皮去尽。但有的为了节约成本,也将皮打碎加进去。

4.制作豆沙馅不光可用赤豆,还可用绿豆、豌豆、扁豆等。

5.保存时将豆沙馅放入盆中,面上浇一层色拉油,加盖置凉爽处备用,质优者可存入数月。

❖ 风味特色

色泽紫黑油亮,软硬适宜,不粘器具,无焦块杂质,口感滋润,滑腻甘甜。

❖ 适合面点品种

包子、饼、酥类。

枣泥馅

❈ 原料

干红枣 500 克、澄粉 25 克、白糖 250 克、猪油 100 克

❈ 工艺流程

选料→清洗→去核→蒸→炒制→馅心

❈ 制作过程

1.选用肉厚、体大、质净、有光泽的干红枣洗净,用刀拍碎去核,放入水中浸泡 1～2 小时后捞出。

2.将泡涨的红枣搓去外皮,上笼蒸烂凉凉,用铜筛擦制成泥状备用。

3.铜锅或不锈钢锅内入猪油烧热,加入白糖熬化,倒入枣泥同炒至浓稠,筛入澄粉,炒至不粘手、香味四溢时出锅冷却即成。

❈ 制作关键

1.炒制时不能用旺火,以中火为宜,慢慢减弱,水分必须炒干,否则不易储存。

2.根据品种需要加入适量的白糖、果仁、蜜饯等擦匀即可。

❈ 风味特色

色泽紫红光亮,无枣皮碎核,口感细腻爽滑、香甜。

❈ 适合面点品种

各种花色包子、油酥类制品,应用广泛。

莲蓉馅

❈ 原料

红莲 500 克、白糖 750 克、猪油 150 克、植物油 75 克、明矾水 5 克、碱 10 克

❈ 工艺流程

选料→清洗→制蓉→炒制→馅心

❈ 制作过程

1.将莲子放入锅内,加入沸水,没过莲子,加碱,用刷子快速刷,待水一见红,马上倒出,再换新水,继续刷擦,反复 3～5 次,至莲子刷出白肉为止,莲子去皮晾干后,用竹签去掉莲心备用。

2.把去皮去心的莲子加清水煮烂,或上笼中蒸至烂熟,用绞肉机绞成泥,或用细箩搓擦成泥。

3.铜锅内放部分猪油烧热,加白糖熔化,倒入莲子泥和适量的明矾水,用旺火不停翻炒,分次加入另一部分的猪油,待水分蒸发,莲子泥变稠,改用小火炒至莲子泥稠厚、不粘锅,起锅放入盆中,用炼过的熟植物油盖面,防止莲子泥变硬返生。

一般可保存3~6个月。

❖ 制作关键

1.发莲子时,若加碱加温,其火力不可过大,水太热,可适当添加冷水,以免影响制品的口味。

2.莲子去皮后不能再用冷水浸泡,否则莲子煮时不易烂。

3.炒制莲子宜先用旺火,待莲蓉水分蒸发、变稠时改为文火炒。

4.炒馅最好用铜锅或不锈钢锅,以保证馅的质感。

❖ 风味特色

色泽金黄,口味清香甘甜,质地细腻而带有沙质感。

❖ 适合面点品种

此馅心应用广泛,适合制作各种花色包子、酥类制品。

(二)果仁蜜饯馅

果仁蜜饯馅是以炒熟的果仁和蜜饯为主料,加入糖、油、熟粉等辅料调制而成的一种甜馅心,其特点是松爽香甜、果香浓郁。常用的果仁有瓜子、花生、核桃、松子、榛子、杏仁、巴旦杏仁、芝麻等;常用的蜜饯有桂花、瓜条、蜜枣、青红丝、桃脯、杏脯等。

常用的果仁蜜饯馅有五仁馅、百果馅、椰蓉馅等。由于各地生产原料不同,地域口味要求不同,用料侧重点就有所不同,如广式多用杏仁橄榄仁,苏式多用松子仁,京式多用北方果脯、京糕,川式多用内江生产的蜜饯,闽式多用桂圆肉,东北地区多用榛子仁等。

果仁馅:果仁馅的种类很多,一般常见的果仁馅为五仁馅。五仁馅所用的"五仁"指的是瓜子仁、花生仁、核桃仁、松子仁和芝麻仁等。也可以根据当地的特产果仁代替上述果仁原料,制作五仁馅心。

蜜饯馅:将各种果脯切成小丁,先把果脯与白糖的按2∶1的比例拌和,再加入适量芝麻油、熟面粉、猪油等擦制均匀即成馅心。蜜饯的种类很多,要注意口味与色泽的搭配。

由于各地特产不同,选料也就有所侧重,为了保证馅心的质量,就必须合理选择原料。如选择核桃、花生、腰果、橄榄仁等这些含油量大的原料,因易氧化产生哈喇味,且易吸湿回潮发生霉变,选择时一定要选择新鲜无异味的果料,否则馅心质量就不能保证。

果仁一般要经炒熟或烤熟,对果仁较大的如花生、核桃仁,去壳去皮后要用刀或擀面棍压成碎粒;果脯、蜜饯类也要切剁成丁、末后使用。

注意事项

1.所用的果仁、蜜饯要细心检查,除去霉烂变质的部分和不能食用的皮、核、壳，保证馅心的质量和口味。

2.合理选择果仁的熟制方法，控制其熟制的程度。果仁的预热处理方法有炒、炸、烤等，不同的果仁应选择不同的熟制方法，如芝麻一般以炒为主，核桃仁、松仁以炸或烤为主。熟制时要控制好火候，以中小火最好，并使果仁熟制后，产生浓郁的香气，但切勿过火，出现焦煳口味。

3.果仁蜜饯的刀工处理要大小适宜，熟处理的果仁一般较脆，蜜饯较黏，改刀时要细切粗剁，切勿乱剁，不可太碎。

4.拌制时，应先将白糖、油脂、熟粉料等一起擦拌均匀后，再加入果仁、蜜饯拌入。

实 例 一

五仁馅

❈ 原料

核桃仁250克、瓜子仁150克、花生仁250克、杏仁150克、松子仁250克、板油丁1250克、白糖1250克、熟面粉（或糕粉）500克

❈ 工艺流程

选料→清洗→烤、炸五仁→刀工处理→拌制→馅心

❈ 制作过程

1.将核桃仁用开水浸泡去皮后放入烤箱烤出香味；瓜子仁、杏仁、花生仁放入烤箱烤熟；松子仁炸熟。

2.把五仁剁碎，将板油丁、白糖、熟面粉（或糕粉）拌和在一起，用手搓匀搓透，使糖、板油丁、五仁融为一体即成。

❈ 制作关键

五仁都要烤熟了再制作。

❈ 风味特色

松爽香甜，果香浓郁。

❈ 适合面点品种

适合油酥类烤制的点心，如月饼等。

百果馅

❈ 原料

杏仁75克、桃仁100克、瓜子仁25克、熟芝麻125克、橘饼100克、橄榄仁50克、低筋粉125克、白糖500克、色拉油75克、糖白膘丁350克、糖冬瓜125克

❖ 工艺流程

选料→清洗→烤制→刀工处理→拌制→调味→馅心

❖ 制作过程

1. 低筋粉烤熟;杏仁、橄榄仁用温水浸泡后去皮,烤香切小粒;瓜子仁、桃仁烤熟切成小粒。

2. 橘饼切碎,糖冬瓜切成丁。

3. 先将果仁、橘饼、糖冬瓜丁、糖白膘丁混合均匀,再加入色拉油、糖和适量水拌匀,最后加入低筋粉拌至馅心软硬适度即可。

❖ 制作关键

1. 馅料中加水仅是为了适当降低馅料的硬度,不能加得过多,否则在烘或烤时易受热蒸发产生蒸汽,使制品破裂流糖。

2. 可把白糖换成糖浆。

3. 低筋粉要烤熟。

❖ 风味特色

松爽香甜,果香浓郁。

❖ 适合面点品种

适合油酥类烤制的点心,如月饼等。

椰蓉馅

❖ 原料

椰丝 500 克、黄油 250 克、糖粉 570 克、牛奶 175 克、熟面粉 200 克,椰子香精适量

❖ 工艺流程

选料→黄油软化→搅打均匀→拌制→馅心

❖ 制作过程

1. 黄油软化加糖粉搅打均匀,再加入牛奶混合搅打均匀。

2. 将椰丝轧碎后与椰子精混合搅拌均匀,加入黄油拌匀后的原料再搅拌均匀,最后再加入熟面粉拌匀即可。

❖ 制作关键

各种料一定要混合均匀,也可加点吉士粉增加颜色。

❖ 风味特色

色泽淡黄,椰香浓郁。

❖ 适合面点品种

适合油酥类烤制的点心,特别是广式点心。

(三)糖馅

糖馅是以糖为主要原料直接成馅或配以其他原料拌制成馅的一类甜馅。用糖直接做馅必须掺入适量的熟面粉或熟猪油,经拌制后再包入坯皮内。这样不仅便于包捏,增加馅心的鲜香口味,更重要的是在加热过程中,糖不易直接熔化成液体外溢,食用方便。在糖内加入其他原料主要是增加制品的风味;例如,有的馅心中加入玫瑰酱或者桂花酱等,再制成馅心,这样不仅增加了风味,同时也增加了香味,使制品更加具有特色的糖馅是以白糖为主料,加入面粉和其他配料拌制而成的一种馅心。糖馅一般以糖掺粉为基础,再加入配料,使之形成多种风味特色。

制作关键有以下几点。

1.在拌制时首先需要将白糖用适量的水或油擦拌,使糖的颗粒表面湿润,产生一定的黏性,以便吸附粉料。

2.糖馅中一般需加入一定量的熟面粉或熟米粉。目的是保证糖在受热时缓慢熔化,若纯糖作馅,在制品熟制时,糖受热会产生坯皮爆裂,糖液漏出,食时烫嘴等现象。

3.糖馅在以糖、油、熟粉为基本原料的基础上,掺入其他配料形成多种风味的馅心,常用的配料有熟芝麻、板油丁、青红丝、糖桂花等。

实 例 二

白糖馅

❖ 原料

白糖 500 克、熟面粉 50 克、青红丝 25 克、桂花 25 克、色拉油 100 克

❖ 工艺流程

选料→清洗→拌制→馅心

❖ 制作过程

将所有的原料放在一起,用力搓拌均匀即可。

❖ 制作关键

1.若太干,可适当加油调和一下,再用力拌均匀即可。

2.加熟面粉有助于防止糖受热熔化、膨胀,爆裂穿底而流出。

3.加熟面粉的量要控制:加多了,馅心干燥不爽口;加少了,起不到保护糖不流失的作用。

❖ 风味特色

香甜可口,味道厚醇。

❖ 适合面点品种

适合制作发酵面团、油酥面团的品种。

麻仁馅

❖ 原料

白糖 500 克、熟面粉 100 克、猪油 150 克、芝麻 250 克

❖ 工艺流程

选料→清洗→研磨→拌制→调味→馅心

❖ 制作过程

1.将芝麻烤熟或炒熟研成细末。

2.将芝麻末与白糖、猪油、熟面粉擦匀即可。

❖ 制作关键

1.芝麻应洗净后放入锅中炒熟或烤熟,研制不宜太细。

2.如用黑芝麻则用红糖;如用芝麻酱则加糖、熟面粉拌匀即可。

❖ 风味特色

香味浓郁,香甜可口。

❖ 适合面点品种

适合制作发酵面团、油酥面团的品种。

水晶馅

❖ 原料

白糖 500 克、生猪板油 250 克

❖ 工艺流程

选料→刀工处理→腌渍→馅心

❖ 制作过程

将猪板油去油皮,切成小丁时加入白糖、拌匀,腌渍 5~10 天即可。

❖ 制作关键

猪板油不要清洗,用刀去油皮。

❖ 风味特色

香甜可口,油而不腻。

❖ 适合面点品种

适合制作发酵面团、油酥面团的品种。

蜜玫瑰馅

❖ 原料

白糖 500 克、蜜玫瑰 50 克、熟面粉 100 克、猪油 150 克,食用红色素少量

❖ 工艺流程

选料→刀工处理→拌制→馅心

❖ 制作过程

蜜玫瑰剁细,加入猪油调散,再加入白糖与熟面粉反复揉搓均匀后,加入少量的食用色素拌匀揉成团即可。

❖ 制作关键

1.食用色素要最后加入,不能过多,要揉搓均匀。

2.最好用天然的甜菜红,也可用合成色素胭脂红,但用量都不得每公斤超过 0.25 克。

3.蜜玫瑰要调散。

❖ 风味特色

香甜可口,香味浓郁。

❖ 适合面点品种

适合制作发酵面团、油酥面团的品种。

第四节　复合味馅

除咸馅、甜馅以外还有口味在两种或两种以上的馅心,叫作复合味馅。一般是在咸味或甜味的基础上加上其他口味的原料制成,如椒麻馅、肉松馅、糖醋馅、辣咸甜馅等,大都具有一定的地方特色。

实　例

椒盐麻蓉馅

❖ 原料

白糖 250 克、芝麻 250 克、花椒 10 克、盐 5 克、猪油 100 克、香油 25 克、熟面粉 100 克、饴糖 10 克、青红丝 10 克

❖ 工艺流程

选料→清洗→炒制→擀碎→拌制→馅心

❖ 制作过程

1. 将芝麻、花椒分别炒香后擀碎,花椒末、香油与盐拌在一起制成椒盐。
2. 将芝麻、椒盐、白糖、猪油、熟面粉、饴糖、青红丝等原料混在一起搓擦成馅心即可。

❖ 制作关键

当馅心很干,不易成团时,可加少量的水加以调节,擦成蓉状,以潮湿为准。

❖ 风味特色

咸甜适口,香味浓郁。

❖ 适合面点品种

适合制作发酵面团、油酥面团的品种。

肉松馅

❖ 原料

肉松 300 克、猪油 200 克、芝麻 50 克、白糖 100 克、香葱末 50 克,盐少许

❖ 工艺流程

选料→刀工处理→拌制→馅心

❖ 制作过程

1.将肉松撕碎；香葱洗净切碎。

2.将炒锅上火，放猪油、香葱末，用小火炸出香味、凉透成葱油。

3.将芝麻炒香碾碎，与肉松、葱油、芝麻混合加入白糖、盐搅拌均匀即可。

❖ 制作关键

香葱需小火炸出香味。

❖ 风味特色

口味甜甜，葱香浓郁。

❖ 适合面点品种

适合制作油酥面团的品种。

甜咸馅

❖ 原料

白糖 500 克、猪油 200 克、熟面粉 150 克、火腿 100 克、盐 10 克

❖ 工艺流程

选料→刀工处理→拌制→馅心

❖ 制作过程

1.将火腿切成小颗粒备用。

2.将白糖、熟面粉、盐混合均匀后，加入猪油搓擦均匀，再加入火腿粒拌匀即可。

❖ 制作关键

1.应控制盐的用量，体现甜香微咸的口味。

2.加入火腿粒以后不宜久擦，否则会使火腿粒太碎。

❖ 风味特色

甜香微咸。

❖ 适合面点品种

适合制作油酥面团的品种。

第六章

面点成熟工艺

成熟，即用各种方法将成型的生坯(也叫半成品)加热，使其在热量的作用下发生一系列的变化(蛋白质的热变性，淀粉的糊化等)，成为色、香、味、形俱佳的熟制品。是面点制作过程中最后一道工序。

由于面点种类繁多，熟制方法也较多，主要有蒸、煮、炸、煎、烙、烤、炒等单加热法，以及为了适应特殊需要而使用的蒸煮后煎、炸、烤，或蒸煮后炒或烙或烩等综合加热法。从绝大多数品种看，仍以单加热法为主。这是因为这种加热法有利于保持形态完整，馅心入味，内外成熟一致和较容易实现爽滑、松软、酥脆等不同的要求。具体采用哪种加热方法，需要根据制品所使用的原料和面团的性质、成品的规格而定。

一、成熟的作用

熟制的作用，是使面点由生变熟，成为容易被人体消化、吸收的食品。同时，对面点的色泽、形态、口味等，也有重大影响。

1.面点成熟后利于人体消化吸收

面点的成熟使蛋白质受热变性，易被人体中的酶水解为氨基酸，淀粉的糊化使多糖水解为双糖或单糖，更有利于人体对其的消化和吸收。

2.高温消毒，有益健康

成熟的过程，即高温加热的过程，通过加热成熟可以起到对食品消毒杀菌的作用，更有利于人体的健康。

3.确定面点的规格

绝大部分面点均需经过加热成熟才成为成品，而在加热成熟的过程中，往往使面点的形态有所变化，特别是受热疏松起发的品种，对成熟的技艺要求更高。合适的加热方法和技术，可使成品的形态更自然，更饱满，更合乎要求。

4.形成面点的风味和保证制品的质量

面点成品的色泽，一方面由原料本身的颜色和辅料所决定，另一方面也取决于成熟技艺，如煎炸制品时油温的高低、煎炸时间的长短，将直接影响到成品的色泽和口感，合理的成熟技艺，将会得到色泽金黄、口感酥脆、令人食欲大增的成品。

无论何种面点，在和面、制皮、上馅、成型等过程中所形成的质量和特色，都必须通过熟制才能体现。

5.丰富面点的品种

面点产生多样性的因素很多，其中熟制方法是引起面点品种多样的一大因素。不同的熟制方法，形成不同的面点特色，也就形成了丰富多彩、口味各异的面点品种。

我国面点食品形态多、色泽美、口味好，具有浓厚的民族特色，除了调制面团，制馅和成型加工技术，多种多样的熟制方法和技巧，也是一个重要因素。所以熟制一直是面点制作的重要环节。

二、面点成熟的质量标准

1.外观

大多数制品的外观，包括色泽和形体两个内容。色泽指食品的表面颜色和光泽。无论何种面点，熟制后都应达到规定的外观要求，如蒸制品，颜色要不欠、不花，光润均匀；醇面制品还要碱色正；炸、烤制品一般要达到金黄色，光泽鲜明，没有焦煳和灰白色。形体指制品表面的形态，其要求是形态符合制作要求，饱满、均匀、大小规格一致，花纹清楚，收口整齐，没有破皮、露馅、斜歪等现象。

2.内质

包括口味和内部组织等两个指标。口味方面一般要求是：香味正常，咸甜适当，滋味鲜醇，任何面点都不应有酸、苦、哈喇、过咸等怪味和其他不良口味。在内部组织方面，符合规定要求。如爽滑细腻、松软酥脆等，不能有夹生、粘牙以及被污染等现象；包馅的品种，包馅的位置正确，切开后坯皮上、下、左、右厚薄均匀，并保持馅心应有的特色。

3.重量

面点成熟后的重量，主要决定于生坯的分量准确。但在熟制过程中，有些制品吸收了水分（如蒸、煮制品），熟制后的重量大于生坯重量；有些制品则水分挥发（如烤、烙制品），熟品重量小于生坯重量，对容易失重的面点，在熟制时应掌握好火力大小和加热时间，避免失重过多，影响质量。

熟制的质量标准是建立在熟制过程中的火力大小和加热时间（即火候适当）的基础上的，要根据不同的加热方法，正确掌握火候，达到熟制的质量标准。

第一节 煮

煮是把已成型的面点半成品投入沸水锅中,利用水温对流传递热量,使生坯至熟的成熟方法。

水沸后,将生坯投入沸水锅中,虽水温有所下降,但仍保持较高的温度。此时生坯中留存的空气便受热膨胀,制品体积逐渐膨大,相对密度降低,而浮上水面。此时坯皮中的淀粉不断吸水糊化,蛋白质变性而凝固,继续受热,通过水温的扩散与渗透,坯皮内部的淀粉也糊化成熟,随着热量的进一步向内渗透,馅心也逐渐成熟了。煮时要注意:

1. 煮锅内水量要多,汤要清

在煮制过程中,煮锅的水量应比制品量多出十倍以上,使生坯在动态中受热均匀,不会粘连,才能保持成品形态完美。在加热过程中注意汤水的情况,要经常换水,保持汤汁不浑浊。

2. 水沸后生坯下锅

由于在65℃以上淀粉才能吸水膨胀和糊化,蛋白质受热变性。所以,水沸后下锅,既可使脱落沉淀的淀粉减少,保持水质清而不浑,也可使生坯成熟后皮质软滑而不粘牙。

3. 保持水锅"沸而不腾"

煮制时应适当控制火候,视水面的情况及时加热水或加冷水,保证生坯在沸水锅中均匀受热,逐渐成熟,加热过程中,火力不宜过大,因为水滚得厉害,会使生坯互相冲撞而破裂甚至坯皮脱落,而影响制品形态和质量。所以,当煮制时遇到水过沸,则要适当加入冷水调节水温,保持沸而不腾,将制品煮制成熟,才能达到制成品皮滑、馅爽、有汁的效果。

4. 适当搅动,防止粘底

煮制时适当搅动,可防止生坯受热糊化时粘底变焦。并随着生坯的滚动,使制品受热均匀。

5. 掌握煮制时间,熟后及时起锅

应根据面点品种的不同,按煮制的时间,生坯生馅或生坯皮厚的面点煮制时间应长一点,保证制品的成熟度;而皮薄或熟馅的品种则应控煮制的时间,防止过熟而使面皮破裂脱落。力求根据不同的品种正确掌握煮制的时间。

实 例

鲜肉粽子

❖ 原料

糯米 1000 克、猪夹心肉 400 克、姜 20 克、葱 30 克、酱油 200 克、白酒 20 克、粗线 20 根、粽叶 500 克

❖ 工艺流程

浸泡糯米→烫制粽叶→馅心调制→生坯成型→制品熟制

❖ 制作过程

1.将糯米淘洗干净,再用水泡制糯米起酥,用手可以捏碎即可。

2.猪肉切成 20 片,用刀拍一下,然后盛起用酱油、葱、姜、白酒拌匀待用。取粽叶 2~3 张,用剪刀整形,卷成圆锥状的空筒状,放进 25 克糯米,加进一片酱肉片,然后再放进 20 克糯米,将余下的粽叶部分从上面盖起,两边折起一个三角形的面,适量再将多余的粽叶部分弯向粽体,接头向里折起一个底面为三角形的圆锥体,然后取粗线一根,将三角形的底面扎牢,不让粽叶松散露米,20 只粽子逐只包起。

3.把包好的粽子摆入锅内,放入冷水,浸没粽子,上大火烧开,煮约半个小时,然后再用小火焖一小时,即可成熟。

❖ 制作关键

1.包粽子前,将糯米、鲜肉要调味,粽叶要浸烫一下。

2.煮粽子时,水要始终将粽子浸没。

❖ 风味特色

糯而有劲,肥而不腻,鲜香可口。

❖ 相关面点

蜜枣粽子、香肠粽子等。

三鲜水饺

❖ 原料

面粉 500 克、鸡脯肉 100 克、水发海参 150 克、对虾仁 200 克、水发干贝 100 克、姜末 5 克、葱末 5 克、酱油 25 克、精盐 8 克、味精 5 克、花椒面 1 克、香油 5 克

❖ 工艺流程

馅心调制→面团调制→生坯成型→制品熟制

❖ 制作过程

1.先将鸡肉剁成蓉,加入酱油、花椒面、姜末拌匀,再把水发海参、对虾仁及水发干贝切成小丁,加入鸡蓉拌匀,最后,放入盐、味精、葱末、香油拌成馅待用。

2.将面粉置于案上,开成窝状,加入冷水 200 克和好,调成面团。

3.搓成长条,下成大小相等的剂子 70 只,按扁后,擀成中间稍厚、边缘略薄的圆皮,圆皮中心,打上馅心,包捏成饺子。

4.煮锅中加水,烧沸后下入饺子,用手勺沿锅边不断推动,见饺子出水面,饺皮鼓起,用手指触之有皮馅分离的感觉时,即可捞出装盘。

❖ 制作关键

1.面团要调制得硬实一些。

2.剂子要小,皮要薄。

3.掌握好煮制的时间。

❖ 风味特色

皮薄馅嫩,滋味醇香。

❖ 相关面点

猪肉饺子、荠菜饺子等。

第二节 蒸

蒸是指将已成型的面点半制品放在蒸屉内,使用蒸汽的热传导和压力使生坯成熟的方法。蒸时要注意:

蒸的成熟方法是利用热传导的方式将生坯制熟的,而热量的传递过程,是由表面逐渐向内里渗透,使面点里外全面受热成熟的过程,其速度较慢。

当生坯入笼上屉受热后,面皮或馅料中的淀粉和蛋白质会受热发生变化。淀粉受热后膨胀糊化,在糊化过程中,吸收水分成为黏稠胶体,出笼冷却后成为凝胶体,使成品表面光滑,蛋白质受热开始变性凝固,温度越高,变性越大。当生坯中心温度达70℃以上,那么,蛋白质基本完全变性凝固。这时制品的结构趋于稳定,制品基本定型,这样面点就蒸制成熟了。

在蒸制膨松面团时,气体的受热膨胀,会在面筋网的包围下,带动制品的体积增大,而形成制品内气孔细密、疏松起发、富有弹性的海绵膨松结构。

蒸制品的成熟是由蒸锅内的蒸汽温度和气压决定的,而蒸汽的温度和压力与火力的大小及蒸笼的密封程度有关。在一个大气压下,水沸的温度是100℃,但气压越大,则水沸的温度越高,而热的传递则越快。对于制品的成熟形态影响极大,所以,蒸的成熟方法,要根据不同品种而灵活运用。

1. 蒸锅内的水量要保持七至八成满为佳

水蒸气的形成一方面靠火力的加热作用,另一方面也需要用充足的水量才能形成足够的蒸汽。但水量不宜过多,否则水沸后会浸湿生坯,影响成品的质量。

2. 锅内的水质要清

水分受热沸腾形成蒸汽后向上蒸发,传热给生坯,使制品成熟,但如果水质浑浊或水面浮满油污,则会影响水蒸气的形成和向上的气压,所以,要注意水质,并及时清除浮在水面的乳汁和油污等物质。

3. 必须水沸上笼,盖严笼盖

无论是蒸制包子,还是蒸制肉类烧卖,都必须在水沸后才能上笼加温,特别是蒸制膨松面团的品种,更应在水蒸气大量涌起时,才能将生坯上笼加热。如果水未沸便上笼,那么到水烧沸,产生大量蒸汽还有一段时间,此时由于笼内温度不够高,而令生坯表面的蛋白质逐渐变性凝固,淀粉质受热糊化定型,抑制了坯内空气膨胀的力度,影响了制品的起发。如果是兑碱酵面还会出现跑碱的现象,产生酸味,所以,必须水沸上笼,盖严笼盖,才能够提高笼内温度,增大笼内气压,加快成熟速度,保证成品质量。

4.掌握火力和成熟时间

由于面点有不同的花式品种,不同的体积大小,不同的成品质理,不同的口感风味,要求我们采用不同的火力的成熟时间进行加热。一般来说,蒸制面点都要求旺火足汽蒸制,中途不能断汽或减少汽量,更不可揭盖,以保证笼内温度、湿度和气压的稳定。应根据品种的不同要求而定。块大体厚、组织严密的,适宜加热时间长些。起发、膨松和体积较小的,宜旺火短时间加热。

5.生化膨松面团制品要掌握好蒸制前的饧发时间

生化膨松面团制品成型后,一般适宜先饧发一段时间,使坯体内的微生物继续生长繁殖,产生二氧化碳气体,使生坯在加热前有一定的气体含量,这样蒸制后的成品体积增大,品质有弹性,松发暄软。

实 例

菜肉蒸饺

❖ 原料

富强粉500克、温水120克、鲜肉蓉150克、姜末5克、葱末5克、酱油75克、精盐4克、黄酒20克、虾子3克、白糖30克、冷水100克、青菜300克

❖ 工艺流程

馅心调制→面团调制→生坯成型→制品熟制

❖ 制作过程

1.先将鲜肉蓉加入葱姜末、黄酒、酱油、盐、虾子搅拌入味,然后分2次加入清水100克,顺一个方向搅拌上劲;青菜焯水加入肉馅中,最后放入白糖调成馅待用。

2.将富强粉置于案上,开成窝状,加入温水120克,和成温水面团,稍醒置一下。

3.面团搓成长条,下成大小相等的剂子30只,按扁后,用擀面杖擀成9厘米直径、中间稍厚、边缘略薄的圆皮。左手托皮、右手用竹刮子刮入馅心,成一条枣核形,将皮子分成五五开,然后用左手大拇指弯起,用指关节顶住皮子的一边,托住饺子生坯,再用右手的食指和拇指的中间将五成皮子边捏出叶子状,捏合成菜肉饺子。

4.生坯上笼,置旺火沸水锅上蒸约10分钟,视成品鼓起,不粘手即可成熟。

❖ 制作关键

1.面团要调制得硬实一些,成品才能挺立得住。

2.剂子不宜过大,制作得要精巧细致。

❖ 风味特色

造型美观,皮薄馅嫩,口味鲜香。

❖ 相关面点

一品饺子、四喜饺子等。

三丁包子

❖ 原料

面粉500克、温水250克、大酵面150克、猪肋条肉500克、熟鸡肉100克、熟鲜笋100克、姜末5克、葱末5克、酱油75克、精盐8克、虾子5克、白糖50克、熟猪油100克、湿淀粉20克、食碱液5克

❖ 工艺流程

馅心调制→面团调制→生坯成型→制品熟制

❖ 制作过程

1.将猪肋条肉洗净焯水,放入锅内,加清水淹没猪肋条肉,放入葱、姜,将肉煮成七成熟,竹筷能轻轻戳进时,捞出凉凉,切成0.7厘米的肉丁;将熟鸡肉切成0.8厘米见方的鸡丁;将熟笋切成0.5厘米见方的笋丁,炒锅上火,放入熟猪油,放入葱姜末煸香,放入三丁煸炒,再放入酱油、白糖、虾子,加入适量的鸡汤或肉汤,用大火煮沸,用中火煮至上色、入味,再用大火加湿淀粉勾薄芡,上下翻动,使三丁充分吸进卤汁,凉凉备用。

2.将面粉置于案上,开成窝状,放入老酵面,再加入温水250克,和成温水面团,用干净湿布盖好。

3.待面发好后,加碱水揉至无黄色斑点,再用湿布盖上稍饧一会,然后搓成长条,下成大小相等的剂子12只,用手掌拍成10厘米直径、中间稍厚、边缘略薄的圆皮。左手托皮、掌心略凹,右手用竹刮子刮入馅心,馅心在皮子正中。左手将包皮托于胸前,右手拇指与食指自右向左依次捏出32个皱褶,用右手的中指捏拢,不要分开,拇指与食指略微向外拉一拉,使包子最后形成颈项,如鲫鱼嘴。

4.生坯上笼,置旺火沸水锅上蒸约10分钟,视成品鼓起不粘手即可成熟。

❖ 制作关键

1.面团的用碱量应根据面团的发酵程度正确应用。

2.三丁馅制作时,应注意鸡丁大于肉丁,肉丁大于笋丁。

❖ 风味特色

馅心软硬相宜,口感软中有脆,口味鲜咸中有甜,油而不腻。

❖ 相关面点

生肉包子、蟹黄包子等。

第三节 煎

煎是指投入少量的油在锅中，利用金属传导、热油为媒介进行加热，使生坯成熟的一种方法。

将生坯排列放在煎锅后，加热，紧贴锅底的面必然温度较高，使淀粉吸收坯体内的水分糊化和膨胀。此时，在淀粉酶的作用下，淀粉发生水解作用，生成低分子糖类。随着温度的不断升高，热能传递到坯体内部，坯与馅之间的空气受热膨胀而使外形涨润饱满，体积增大。当外表皮和表面温度达到75℃以上时，蛋白质则受热变性成为凝胶体，使面坯定型。而贴近锅底的面皮继续受热，淀粉糊化后进入脱水阶段，脱水效应由底面向中心推进，逐渐形成一层带有脆质的外皮。而金黄色的底部形成是由于煎制时的加热过程中，淀粉和蛋白质分解，生成的还原糖焦化着色，使煎制品的底部成为色泽金黄、质脆、味香的面皮。

所以，煎制法的运用，要掌握火力和时间及根据具体品种要求而操作。

煎时要注意：

1.火力合适

生坯受热均匀，煎制时，为使生坯受热均匀，要经常移动锅位，或移动生坯位置，防止着色不匀或发黑，还要掌握好翻坯的时机，必须在贴锅底皮金黄色时翻坯，过早和过迟均会影响制品的质量。

2.排放生坯入锅要合理

一般情况下，煎锅受热的焦点是锅的中部，因此，锅烧热后煎锅中部的油温必然比四周的锅边高，因此，排放生坯入锅较好的方法是从四周向中心排列，从低温到高温。使生坯因时间上的差异而达到受热均匀。否则，中间先放生坯则会出现煎制后的制品过早煎焦了，而四周的生坯尚未上色的现象，影响成品质量。

3.煎制时油量要适宜

煎制时锅底抹油不宜过多，以薄薄的一层为宜。个别品种属于半煎半炸的方法，用油量也不宜超过生坯厚度的一半，否则制品水分挥发过多，失去煎制品的特色。

4.水油煎一般需要加盖，并掌握加水量

采用水油煎法时，加水量及次数要根据制品成熟的难易程度而定。由于煎制过程中多次加水，通过加盖锅盖使水蒸发为水蒸气，保证蒸汽的效率能充分发挥，将制品焖熟，并且每加一次水都要盖上锅盖，确保成品成熟，防止出现夹生现象。

实 例

葱肉锅贴

❖ 原料

富强粉 500 克、沸水 200 克、冷水 50 克、猪夹心肉 700 克、姜末 20 克、葱末 150 克、酱油 100 克、精盐 8 克、黄酒 30 克、味精 5 克、白糖 50 克、冷水 150 克

❖ 工艺流程

馅心调制→面团调制→生坯成型→制品熟制

❖ 制作过程

1.先将猪肉剁成肉泥加入姜末、黄酒、酱油、盐搅拌入味,再分 2 次加入清水 150 克,顺一个方向搅拌上劲后放入白糖、味精、葱末和成馅待用。

2.将富强粉置于案上,开成窝状,加入沸水 200 克,和成热水面团,加冷水揉匀揉透,摊开冷却。

3.随后揉搓成长条,摘成 50 只剂子。逐只按扁后用擀面杖擀成直径 8 厘米的圆皮,放上馅心,包成饺子形。

4.将平锅上火,烧热后放入色拉油滑锅,锅离火,将锅贴生坯自外向里排好,再放入少量色拉油,将锅盖盖好上火。煎至饺子底呈金黄色,再倒入冷水,待水烧干时,再加少许冷水,煎 5 分钟左右,再淋上色拉油,待葱肉锅贴表皮光亮、香味四溢时出锅装盘。

❖ 制作关键

1.平底锅要洗净烘干。

2.煎制过程要分次加水。

❖ 风味特色

色泽金黄,底脆里嫩,馅鲜卤多,葱味香浓。

❖ 相关面点

锅贴、薄饼等。

生煎包子

❖ 原料

面粉 500 克、温水 250 克、大酵面 150 克、猪前夹心肉 350 克、葱末 50 克、姜酒汁 5 克、精盐 7 克、虾子 2 克、白糖 30 克、酱油 75 克、清水 150 克、香油 150 克、食碱液 5 克

❖ 工艺流程

馅心调制→面团调制→生坯成型→制品熟制

❖ 制作过程

1.将猪前夹心肉洗净剁细，放入酱油、盐、白糖、虾子、姜酒汁搅拌入味，然后分三次加入清水，顺一个方向搅拌上劲，倒入葱末拌匀成馅。

2.将面粉置于案上，形成窝状，放入老酵面，再加入温水250克，和成温水面团，用干净湿布盖好。

3.待面发好后，加碱水揉至无黄色斑点，再用湿布盖上稍饧一会，然后搓成长条，下成大小相等的剂子20只，用枣核形的饺杆两根，将小面剂擀成中间厚四周薄的圆皮。左手托皮，掌心略凹，右手用竹刮子刮入馅心，馅心在皮子正中。左手将包皮托于胸前，右手拇指与食指自右向左依次捏出32个皱褶，用右手的中指捏拢，不要分开，拇指与食指略微向外拉一拉，使包子最后形成鲫鱼嘴状。

4.取平底锅一只，置于火上，烧热，将包子生坯放入锅内，整齐码好，放入少量的清水，倒入少量香油，盖上锅盖，用中火煎至锅内有水汽爆炸声，闻有葱香味，即可开锅，浇上香油，用平铲铲出一个，见包底呈现出金黄色，即为符合标准。

❖ 制作关键

1.面团的用碱量应根据面团的发酵程度正确应用。

2.包捏成型时，右手中指应与拇指、食指配合，抵出包子的"嘴边"。

❖ 风味特色

馅心卤汁浓鲜，皮子香脆可口。

❖ 相关面点

生肉包子、蟹黄包子等。

第四节　炸

炸是将制作成型的生坯，放入一定温度的油脂中，利用油脂传热使面点至熟的一种成熟方法。

炸制食品不仅严格要求火候，还要根据点心的不同材料、制作方法、质量要求而灵活使用油炸温度。面点的体积大小、起发与否、皮厚皮薄，与油温的高低有直接的关系，如果油温过高，会使成品表面炸焦，而内部不熟，如果油温过低，成品含油量大，并容易散碎，而且色泽暗淡。所以掌握油温是决定面点质量的关键。

1.炸制法成熟的原理

炸制法适用于很多的面点品种。根据品种的要求，采用不同的油温，可以炸出各式各样的成品。

生坯投入热油锅中受热后，生坯表面的水分逐渐挥发，内部的水分向外扩散渗透，使表面淀粉很快膨润糊化，并且内部淀粉在淀粉酶的作用下不断水解，生成糊精和还原糖，但淀粉的水解作用非常短暂，很快停止。当生坯表面温度达到70℃以上时，蛋白质便发生变性，使面坯开始定型。随着炸制时间的延长，坯内的温度继续升高，内部的淀粉糊化，蛋白质也很快变性而使面坯定型，并且淀粉分解生成的还原糖与蛋白质分解生成的含氧物发生羰氨反应，使面坯变成金黄色，并且有特殊的香味。

当生坯投入温油锅中时，生坯中油膜与淀粉颗粒间的空气受热膨胀，面坯的体积增大，面坯内的淀粉粒吸水胀润而糊化，蛋白质受热变性成凝胶状，使坯体成型。油酥面团中蛋白质不能充分吸水，面筋形成差。面粉颗粒又被油脂和空气隔离，所以，受热后，面坯筋力不大，被膨胀的空气和水蒸气所冲破，而受热后的油脂流动增加，带动面粉颗粒进入油锅中，形成一层层的酥层。随着炸制时间的增加，外表进入脱水上色成熟阶段。

因此，筋性化学膨松面坯的品种，宜用热油炸制；而层酥类的品种，则应温油炸制。

2.炸制注意事项

(1)注意油质清洁

油质不洁，会影响热导或污染制品，使制品不易成熟和色泽变差。如使用植物油要先烧熟，才能用于炸制，否则会带有生油味，影响制品风味质量，还会产生大量的泡沫，使热油溢出锅外，发生火灾或造成人身安全事故。在冬季，要避免使用动物油脂,以免制品冷却后光泽变差。反复使用的油脂,颜色加深,黏度增大,会影响成品的色泽和质量,要视其清洁程度及时更换新油。

(2)正确掌握油温

油温的高低是决定面点形态、色泽的重要因素。一般情况下,油温低,炸制的成品质地软绵塌架,含油、色浅、光泽度差,起发程度不理想,有个别品种还会松散不成型;油温高,炸制的成品色泽易黑,外焦内不熟,并且会产生,二聚甘油酯、三聚甘油酯和烃等对人体危害较大的毒性物质,危害人体的健康。

(3)控制炸制时间

为了保证炸制成品的质理,在炸制工艺中,必须根据面点的大小、厚薄、质量要求来使用炸制时间。时间过长,则制品颜色过深,易焦黑,并且水分挥发过多,制品会质硬而实;时间过短,制品不起酥或未熟,且色泽暗淡且光泽度差。所以对不同的品种,要有不同的处理方法。灵活运用炸制时间,力求炸出色、香、味、形均佳的成品。

(4)掌握好炸制时油和生坯的比例

一般情况下用 5∶1 的比例为宜。但也应根据制品的起发强弱和成熟时间而定,起发力大的品种,数量可适当减少;成熟时间短而又外形变化不大的品种可略为增大生坯的投入量。

(5)起蜂巢状的制品成型前应试炸制

在炸制的面点中,较难掌握油温的是一些要求起蜂巢的品种,如荔秋芋角、莲子蓉角、蛋黄角等。由于其原料的质理,油脂的多少和油温的高低会直接影响其形态的形成。所以,在炸制这类品种均应在包馅成型前进行试炸,掌握油脂的使用量后才可用于大量生产。

实 例

双麻酥饼

❖ 原料

面粉 450 克、冷熟猪油 170 克、温水 100 克、果料(如花生、芝麻)300 克、糖猪板油 100 克、白糖 100 克、色拉油 2 千克、鸡蛋 1 只

❖ 工艺流程

馅心调制→面团调制→生坯成型→制品熟制

❖ 制作过程

1.将果料切成小丁,与切碎的糖板油丁、白糖搅拌成馅,捏成 20 只小团。

2.取面粉 200 克、冷熟猪油 120 克擦成干油酥。另取面粉 200 克、加温水 100

克、冷熟猪油 50 克、揉成水油酥。留下的 50 克做干粉用。

3.将水油酥面团搓成团，按扁，包进干油酥，捏紧，收口朝上，撒上少许干粉，按扁，用面杖擀成长方形的薄皮，然后将长方形薄皮由两边向中间叠成三层，叠成小长方形，再将小长方形擀成大长方形，顺长边由外向里卷起，卷成筒状，卷紧后搓成长条，摘成 20 只剂子。将每只剂子按扁，包入馅心，然后将收口捏紧朝下放，制成圆饼状，在每只饼的正反面刷上蛋液，再撒上芝麻，成双麻酥饼生坯。

4.油锅上火，放入色拉油，当油温至三四成热时，放入双麻酥饼生坯。在小火上炸 5~7 分钟，视生坯在油锅内冒大气泡、开始膨大时，随即将油锅移至中火，将油温控制五成热。待成品全部膨松浮起，内无含油，即为成熟，捞出。

❈ 制作关键

1.调制干油酥，水油酥时的用料比例要适当，包酥时的比例要适当。

2.控制好炸油的温度。

❈ 风味特色

色白醇香，酥层清晰，造型美观。

❈ 相关面点

萝卜丝酥饼、盘丝饼等。

开口笑

❈ 原料

低筋面粉 500g、白糖 150 克、鸡蛋 1 个、泡打粉 5g、酥油 80 克、白芝麻 200 克、温水 130 克

❈ 工艺流程

馅心调制→面团调制→生坯成型→制品熟制

❈ 制作过程

1.将白糖、酥油（酥油加热化开，或用植物油）、鸡蛋搅匀成蛋糖液。

2.低筋面粉过筛，中间扒一个窝加入蛋糖液搅拌，放入泡打粉，再加温水揉成面团（温水可按面团的柔软程度添加）。盖上湿布饧 30 分钟。

3.将面团搓条，下成大小相等的小剂子，将剂子揉搓光滑成球状，将其表面蘸少量水后滚上芝麻。

4.将油倒入锅中，烧至五成热的时候将开口笑放入锅中，慢火炸，在炸制的过程中开口笑会慢慢膨胀开裂，开始颜色还比较浅，开口处还是白色的，继续炸成整个面团呈现金黄色，此时熟透即可捞起。

❈ 制作关键

1.揉好的面团成团即可，不用过度揉，以免起筋影响成品口感和外观。

2.圆面球表面蘸些水,再去滚芝麻,滚好后再搓圆,这样芝麻粘得更牢。

3.炸制时待表面稍硬再动,以免芝麻掉落。

4.炸制时要注意油温不能过高,否则会外焦内生。

❖ 风味特色

芝麻滚粘不脱落,大小均匀,表面开口自然,裂成三四瓣,色泽金黄,香酥可口。

❖ 相关面点

酥盒、鸳鸯酥等。

第五节 烤

烤又叫烘、炕，是指把制作成型的生坯放入烤炉内，通过加热过程中的辐射、对流、传导三方面的作用，使半制品定型、上色、成熟。

辐射是指热源通过热辐射使面点受热；对流是指烤炉内的空气受热产生对流，使面点吸收热量；传导是指通过盛装面点的烤盘或模子受热，再把热传给面点。这三种方式在面点的烤制过程中通常是混合进行的。当热量辐射在面点的表面时，面点自身的水分受热变成气体向外散发，又因为热量与气体的对流作用，使热量得以顺利地传导入面点的内部，在这种情况下，便能达到使面点成型成熟的效果。

烤炉的火候一般分为旺火、中旺火、中火、中小火和小火几种。由于各种烤炉的形式、大小、结构不同，以及同一烤炉内各个部位火力大小程度不同，烤炉炉温比较难以控制。烤时可适当转换面点的位置，使各盘面点受热均衡。在烤制面点之前首先要了解面点的用料、制法和质量要求，才能根据实际使用不同的火候。

当面点生坯放入烤炉后，面点制品表面和底面受高温作用，温度升高，面点中的水分不断蒸发，而表面的淀粉吸收水分膨胀糊化，形成表皮，由于面点内部的水分向外转移较慢，而形成蒸发层。随着烘烤的继续进行，面点内部温度逐渐升高，蒸发层逐渐向里推进，蛋白质也逐渐变形凝固，使生坯初步定型。

由于层酥面点在加热过程中，层次张开，使面点内部的水分沿酥层而向外迅速蒸发，热量传递至中心较快，故层酥面点的水分会挥发较多，而形成酥、松、脆的质感。

而发酵面团的点心，由于坯体内面筋的作用，能保持一定的水分也有效地包裹着坯内的气体，形成气室，所以制品内松软且富有弹性，而表皮则形成脆韧的质感。

烘烤类面点香气的形成是因为油脂遇热流散，面点中的气体受热便向油脂流散的界面聚结，当温度达到油脂的挥发点后，油脂中的挥发性和低沸点的物质溢出，使烘烤面点香气四溢。烤时要注意以下几个方面。

1. 生坯摆放的行距

生坯的摆放应有一定的间隔距离，要留出制品加热膨胀后所需要的空间，以免互相粘连，防止摆放过密或过疏而影响制品底面的着色。如摆放过疏，热量过于集中生坯上，会使制品底部焦煳；摆放过密，又会令生坯受热减少，着色不匀，成熟时间加长。

2.烤盘底抹油

对含油量少或含糖量多的制品来说,烤盘一定要抹上一层薄油,以免粘底,影响制品的起发和成型。但抹油量不可过多,否则会使制品的底色过深。

3.生坯入炉前涂蛋液着色

多数的酥饼类面点,在入烤炉加温前,均需涂上一层蛋液,使制品更容易着色。但涂蛋液不可过厚,否则会使制品的底色过深。

4.调节炉温,正确烘烤

面点的烘烤,基本上都采用"先高后低"的调节方法,即刚入炉时,炉温要高些,待制品表面微上色后和略定型后,便降低炉温,使热量慢慢渗入制品内部,达到内外一致成熟的目的。在烘制时,更要掌握不同品种的温度需要,如烤月饼,需用约230℃左右的炉温烤制,如烤制核桃酥时就不能用旺火,否则饼的形态不好,松脆度差。通常面点烘烤的炉温在200～230℃。

5.掌握烘烤时间

烘烤的时间要根据坯体的大小、厚薄及要求灵活掌握。一般来说,薄而小的制品,烘烤时间短;厚而大的制品,烘烤时间稍长。酥松、酥脆的制品需将水分挥发,烘烤时间应长些;柔软的制品的烘烤时间应短些。总之,要视制品的要求而定。

实 例

桃酥

❖ 原料

面粉125克、熟猪油60克,鸡蛋液适量,绵白糖75克、小苏打3.5克、臭粉1.5克、奶油、香精少许、麻仁30克

❖ 工艺流程

面团调制→生坯成型→制品熟制

❖ 制作过程

1.将面粉放在案板上,中间扒一塘,放入熟猪油、鸡蛋液、绵白糖、小苏打、臭粉、奶油、香精,先拌匀后再与面粉采用折叠法调成面团。

2.将面团摘成剂子,搓圆后用手指捏成碗状,放入刷油的烤盘,中间撒麻仁。

3.用150℃炉温烤10～15分钟成金黄色,即可。

❖ 制作关键

1.先将糖、油、蛋调匀后再加面粉,绝对避免面粉首先接触鸡蛋或水,否则容易起筋,影响成品口感和外观。面粉最好用低筋面粉,效果更好。

2.揉好的面团应该比较湿润,如果较干可适量添加些油。面团揉好后不要反

复搓揉以免起筋渗油。

3.小苏打用量不可过多,否则口感发苦。

4.生坯摆入烤盘时要注意留有一定的间隔,因为在烤制过程中体积会膨胀变大。

❖ 风味特色

色泽金黄,裂纹自然,酥松香甜。

❖ 相关面点

花生酥、杏仁香酥饼等。

鸡仔饼

❖ 原料

面粉200克、白糖60克、高度白酒20克、面粉400克、冰肉200克、转化糖浆100克、植物油60克、白糖60克、炒香芝麻60克、炒香去皮花生60克、五香粉10克、碱水5克、鸡蛋1个

❖ 工艺流程

面团调制→调制馅料→包制→烤制→成品

❖ 制作过程

1.搓皮。把低筋粉开窝放入白糖、麦芽糖、碱水,全部揉至白糖溶解后加入植物油、高级白面和面粉成软面团,放置1小时。

2.馅料。先把其他馅料全部混合,最后加入尾油,馅料拌匀后要经过近2小时放置才可制作。

3.皮馅比例。两成皮包入八成馅。可以个别包,也可以把皮开成长薄皮后包入馅卷成筒形,然后切成小件,用手压定型上盘。然后抹蛋液入炉,在约180℃烤炉中烤制金黄色微硬即可出炉。

冰肉:是指用烧酒和白糖精制过的肥猪肉,雪白如冰、晶莹透明。

❖ 制作关键

1.饼皮软硬度适中,要揉匀饧透。

2.馅料腌制时间要略长。

3.下剂、包馅要均匀。

4.入炉烤制时炉温不宜太高,以免焦煳。

❖ 风味特色

皮薄馅多,馅味独特,滋润可口,丰腴甘香。

❖ 相关面点

酥饼、杏仁酥等。

第六节 烙

烙,就是把成型的生坯直接放在金属锅内,架在火上由金属直接传导热量,使制品成熟的一种方法。烙制法成熟的原理与烤制法和煎制法相似,主要是利用金属直接传导热量,使生坯至熟。高温下干烙上色,原因在于紧贴于锅底的淀粉水解出的低分子糖类发生焦糖化作用。

1.烙的种类

(1)干烙:干烙是将成型的生坯直接放在金属锅内烙制,在操作时既不刷油又不加水,直接烙熟。

(2)刷油烙:刷油烙一般多用于冷水面的制作,刷油烙是先在金属锅内刷油,待油热时将饼坯下锅,烙制过程每翻动一次均可刷油,反复烙熟。

(3)加水烙:加水烙是用蒸汽和锅联合传热的熟制方法,烙制方法与水油煎相似。在干烙基础上进行,但只烙一面至金黄色后加水盖盖,利用蒸汽的传热作用,使制品完全成熟。

2.烙时要注意

(1)烙锅必须干净

无论采用哪种烙制方法,都必须将烙锅洗刷干净,它直接影响到成品色泽和质量。

(2)火力要均匀

烙制面点采用电炉或煤气炉较好,因其炉火均匀,锅的四周与中心温度相近,烙制面点的色泽一致。如炉火不均匀,需经常移动制品位置和移动锅位,并要勤翻动制品,使其两面受热均匀,成熟一致。

(3)选用优质油

烙油宜选用熟的清洁油,若油质不够清洁,则油内的杂质会影响制品的成熟和外表色泽;油生则会有异味。

(4)加水烙要掌握加水方法

加水烙是在干烙的基础上加水,但加水时要先加在金属锅温度最高的地方,使水汽化,产生蒸汽,并迅速加盖。一次加水不可过多,否则蒸汽生成受影响,制成品色泽变差。

实 例

空心饽饽

❖ 原料

富强粉 500 克、沸水 240 克

❖ 工艺流程

面团调制→生坯成型→制品熟制

❖ 制作过程

1.将面粉置于案上,用沸水将面粉和成热水面团。反复揉搓将面团搓长,摘成 60 只剂子,并将小剂子擀成小圆薄饼,注意不能有孔,否则烤时会漏气。

2.把薄饼放在平锅里烙,不等颜色全变,就翻身另一面,两面都烙过后放于炉上直接用火烤。炉上放火钳,薄饼置于火钳上,悬空烘烤,这时饼内会产生气体,当气体在饼内膨胀如圆鼓状时,立即用筷子拦腰一夹,使之定型,形成空心,故名"空心饽饽"。

❖ 制作关键

1.面团要揉软一些。

2.烙制时火力不宜大,两面稍烙后放上火钳烘烤至圆鼓状。

❖ 风味特色

皮薄中空,色白干香。

❖ 相关面点

空心烙饼等。

吉士饼

❖ 原料

面粉 250 克、白糖 100 克、温水 150 克、莲子 100 克、白糖 60 克、熟猪油 40 克、干酵母 4 克、泡打粉 5 克、吉士粉 30 克

❖ 工艺流程

面团调制→馅心调制→生坯成型→制品熟制

❖ 制作过程

1.面团调制。将面粉置于案板上,中间扒一塘,放入白糖、干酵母、泡打粉、吉士粉、温水调成团,揉匀揉透,醒置 15 分钟。

2.将莲子煮烂后擦成泥,与白糖、熟猪油熬成馅心。

3.将面团搓条下剂,取 1 只剂子按扁后包上馅心,再按成圆饼形。

4.平底锅洗净烧干,放入生坯,小火干烙,烙一会儿后,翻一次身;再烙,再翻;如此反复几次,直至两面金黄色,四周不粘手即可。

❖ 制作关键

1.用料比例要适当。

2.烙制时用小火加热。

❖ 风味特色

色泽金黄,外酥脆,内松软,绵甜甘香。

❖ 相关面点

扬州饼等。

第七节　炒

炒是将生坯制品先进行初加工，再经过炒制成熟的一种方法。这类方法炒制时还经常配以辅料，再经调味而成。炒时要注意以下几点。

1.火旺速成，火力均匀

旺火加热，能使炒锅中的原料迅速受热成熟，可减少营养素的流失，也可使制成品色彩鲜明，品质嫩滑可口，形态饱满。

2.勤于翻动，避免粘底变焦

由于炒时一般火候较旺，所以，炒制时应多翻动原料，使其受热均匀，并避免粘底变焦。

3.掌握成熟度

炒的特点是高温短时间，因此，炒的速度较快，必须在成熟的过程中，准确地掌握火候，才能炒出优质的制品。

实　例

扬州炒饭

❖ 原料

大米饭 750 克、瘦猪肉 50 克、熟金华火腿 50 克、水发海参 50 克、冬笋 25 克、水发香菇 10 克、青豆 25 克、鸡蛋 3 个、熟鸡脯肉 50 克、色拉油 75 克，葱白、酱油、黄酒、盐、味精适量

❖ 工艺流程

初加工→制品熟制

❖ 制作过程

1.将猪肉剁成末；火腿、海参、香菇、冬笋（削去老皮）、鸡脯肉切成石榴子大小的粒；葱白切豆瓣状；把鸡蛋磕入碗内打散待用。

2.锅内加入色拉油 25 克烧热，倒入鸡蛋液，炒熟搅碎，倒出。在锅内放入色拉油 50 克烧热，投入葱花和肉末炒一分钟，加入酱油、黄酒再煸炒几下，放入海参、冬笋、香菇、青豆和熟鸡脯肉，继续炒几下，倒入米饭和炒好的鸡蛋，再放入精盐、味精炒热，盛入大盘内即成。

❖ 制作关键

1.煮饭讲究，要求颗粒分明，入口软糯。

2.炒好的饭，要入味，米饭不软也不硬。

❖ 风味特色

颗粒分明，油光闪亮，入口软糯，香味扑鼻。

❖ 相关面点

其他炒饭等。

云梦炒鱼面

❖ 原料

鲜鲤鱼3000克、精面粉2200克、纯碱25克、淀粉2700克、精盐、香油适量、猪里脊肉500克、水发木耳10克、葱白25克、淀粉15克、米醋5克、味精少许、酱油15克、精盐3克、熟猪油100克、胡椒粉2克

❖ 工艺流程

初加工→制品熟制

❖ 制作过程

1.将鲤鱼宰杀、洗净、刮肉剁蓉，加盐、加水稀释搅匀。精面粉加水和匀与鱼蓉混合，再加纯碱25克、淀粉一起揣揉均匀。再将鱼蓉面团制成20个面坨，擀成圆皮，一张张入笼蒸3分钟，取出凉凉，刷上香油，卷成筒，切成面条晾干。

2.将鱼面入沸水浸泡3分钟，涨发捞起，再放在清水中浸泡一下，取出晾干。猪肉切成细丝，加盐1克、湿淀粉上浆。

3.炒锅置旺火上，下猪油烧至150℃，下肉丝炒至断生，再放入鱼面、木耳、葱白、精盐、酱油、醋、味精合炒，约炒2分钟起锅，撒上胡椒粉即成。

❖ 制作关键

1.肉丝上浆应搅拌上浆。

2.炒制鱼面的时候应旺火，快速烹调。鱼面可炒，也可炸、煮。

❖ 风味特色

面白、质软，有韧性，味以咸鲜为主，略带酸辣。

❖ 相关面点

炒饭、炒面等。

第八节　复合加热

复合加热是指面点生坯变成熟食品、由两种或两种以上的加热方法来完成的熟制工艺。

实　例

玉米豆沙饼

❖ 原料

细玉米粉 250 克、面粉 50 克、黄豆粉 25 克、白糖 38 克、鸡蛋 1 个、奶粉 25 克、泡打粉 2.5 克、干酵母 2.5 克、豆沙馅 200 克、腰果 50 克、夏果 100 克、松子仁 50 克、花生仁 100 克、白芝麻 50 克、鸡蛋 1 只、色拉油 2 千克

❖ 工艺流程

馅心调制→面团调制→生坯成型→制品熟制

❖ 制作过程

1.将夏果 50 克、腰果 50 克、花生仁 100 克、松子仁 50 克焐油；芝麻仁炒熟，分别压碎后与豆沙馅拌成馅心。

2.将玉米粉中加入白糖、奶粉，用沸水烫匀，再加入黄豆粉、面粉、鸡蛋、干酵母、泡打粉揉成面团饧置。

3.将面团搓条，下剂，包上馅心搓成球形，稍饧。

4.将生坯上笼足汽蒸熟；蘸上蛋液、外表滚蘸生腰果粒、花生粒，入四成油锅中炸至金黄色即可。

❖ 制作关键

1.调制面团时，必须在沸水烫粉后再加入干酵母、泡打粉。

2.入锅炸制时，不可搅动。

3.干酵母、泡打粉的用量要根据气温调整。

❖ 风味特色

色泽金黄，松软甜糯，香甜可口。

❖ 相关面点

黄金大饼等。

乾州锅盔

❖ 原料

精粉 9500 克、酵面 500 克、碱面 50 克

❖ 工艺流程

面团调制→生坯成型→制品熟制

❖ 制作过程

1.将精粉、酵面和溶化的碱水放入盆内,加清水 4000 克和成面团,放在案板上用木杠边压边折,并不断地分次加入精粉,反复排压,面光、色润、酵面均匀时即可。

2.将面团平分成 10 只剂子,逐块用木杠转压,制成直径 26 厘米、厚约 2 厘米的菊花形圆饼坯。

3.将三扇鏊用木炭火炭烧热,把饼坯放在鏊上,此时火候要小而稳,使饼坯进一步发酵和定型,更主要的是使饼坯的波浪花纹部分上色。然后将饼坯放入中鏊烘烤,5~6 分钟后,取出放另一平鏊上,用小火烙烤,要勤翻、勤转、勤看,做到"三翻六转"。烙烤至颜色均匀、皮面微鼓时即熟。

❖ 风味特色

香浓可口,边薄中厚,表面膨起,层次分明,形状似菊花。

❖ 制作关键

1.和面时要根据季节不同掌握好酵面、碱面的用量。冬季酵面为 500 克,碱面为 50 克;夏季酵面为 250 克,碱面为 25 克;春秋季酵面为 350 克,碱面为 35 克。

2.压面时,每次撒面不宜过多,应分多次撒入,并要压匀、压光。

3.木杠转压时用力要均匀,保证饼坯花纹一致。

4.烙制时注意温度,如果温度过高,易造成外焦里不熟,影响成品质量。

❖ 相关面点

铁锅烙饼等。

第七章

面 团

第七章 面　团

面团由面粉和其他成分（液体）揉捏而成。面团调制是面点制作的重要环节，面点制品中的大部分品种都有面团调制的程序，面团调制质量的好坏，对面点色、香、味、形有着直接的影响。面团调制除了原料本身特性、熟制作用外，还是实现成品质地的重要因素，通过面团调制可改变原料的物理性质，以适应面点制作的需要。面点制作中需要多种原料，通过面团调制，使各种原料能够得到充分的混合，才能发挥原料在面点制作中应起到的作用。由于面团调制的原料、调制方法不同，形成了各种不同特性的面团，丰富了面点品种。

第一节　水调面团

水调面团，指面粉掺水（有些加入少量调料如盐、碱等）调制，使面粉的粉粒和水及其他辅料相粘连，成为一个整体的团块，被称为水调面团。这种面团特点，具有组织严密，质地坚实，内无蜂窝孔洞，体积也不膨胀，具有弹性、延伸性、韧性和可塑性；吃口滑爽、筋道的特点，故又称为"死面""呆面"，但富有劲性、韧性和可塑性。熟制后，爽滑筋道（有咬劲），具有弹性而不疏松。如各种水饺、馄饨、春卷、烧卖、花色蒸饺及锅贴等。

水调面团按使用的水温不同可分为冷水面团、温水面团、烫水面团（热水面团）、澄粉面团；按使用的水量的不同可分为软面、硬面和稀软面团。

由于调制面团的水温不同，面粉中的淀粉、蛋白质就会发生不同的变化，所以用不同水温调制的面团就具有不同的性质。

冷水面团，之所以成团，并且质地硬实，筋力足、韧性强、拉力大，就是因为在调制面团的过程中，用的是冷水，水温不能引起蛋白质的热变性和淀粉的糊化，蛋白质与水结合成团。所以，冷水面团的形成，主要是蛋白质所引起的作用，故能形成致密的面筋网络，把其他物质紧紧包住，具有硬实、劲力大的特点（熟制品色白，吃口爽滑、筋道）。

热水面团与冷水面团相反，由于用的是水温60℃以上的热水，水温既能使蛋白质变性又能使淀粉膨胀和糊化，蛋白质大量吸水并和水溶合，成为面团。同时，淀粉糊化后黏度增强，因而，热水面团就变得黏、柔、糯和略带甜味（淀粉糊化分解为低聚粉和单糖）。加上蛋白质热变性，使面筋胶体被破坏，无法形成面筋网络，这又形成了热水面团筋力、韧性差的特点。

温水面团掺入的水的水温与蛋白质热变性和淀粉膨胀糊化温度接近。因此它的成团，淀粉和蛋白质都在起作用，但其既不像冷水面团又不像热水面团，而是在两者之间。

一、冷水面团

冷水面团是指用30℃以下的冷水调制而成的面团。有的品种还需要加盐、碱等。常用于面条、水饺、馄饨、拉面、刀削面等制品的制作。具有面团颜色白，结构紧密，有较强的筋道，富有弹性、延展性和韧性。制品有吃口爽滑筋道的特点。一般来说，500克标准粉，加200～300克水，特殊的面可多加，如面馅饼，面皮的吃水量在350克左右。冷水面团具体调制方法是：经过下粉、掺水、拌、揉、搓等过程，调制时必须用冷水调制。冬天调制时，要用少量温水（30℃以下），调制出的面团才能好用，如夏季调制时，不但要用冷水，还要适当掺入少量的盐，因为盐能增强面团的强度和筋力，并使面团紧密，行业常说"碱是骨头，盐是筋"。加盐调制的面团色泽较白，冷水面团的密度要靠外力的揉力形成，用力揉搓，促进面粉颗粒结合均匀，揉到面团十分光滑，不粘手为止。加水一定要分次加入，防止吃不进而外溢。

1.冷水面团的种类

稀软面团：适合做春卷皮、拨鱼面等，稀软面团具有良好的延展性。

软面团：适合做烙饼、抻面、馅饼等，软面团有较好的弹性及延伸性。

硬面团：适合做馄饨皮、饺子皮、手擀面等，硬面团坚实韧性较好。

冷水面团的形成主要是面粉中的蛋白质吸水溶胀作用的结果。面粉与水接触，蛋白质大量吸水形成面筋，通过面团的揉制形成致密的面筋网络，将其他物质紧紧包裹在其中，使面团富有弹性、韧性和延展性。冷水面团的调制方法是：面粉倒在案板上（或面缸里），开窝，加入适量的冷水，用手先将四周的面粉由里向外调和搅拌，形成雪花状，再洒上少许水，用力揉成光滑有筋性面团，盖上干净的湿布饧面。

2.冷水面团的调制要领

（1）正确掌握掺水量，要根据不同品种要求、面粉质量、温度、空气湿度等灵活掌握。

（2）严格控制水温，水温必须低于30℃才能保证冷水面团的特性，冬季调制冷水面团可用低于30℃微温水，夏季调制时可加入适量的盐来达到冷水面团的要求。

（3）采用合适的方法调制，面团要使劲揉搓。首先，要分次掺水，一方面便于操作，另一方面可根据第一次吸水情况掌握第二次的加水量。一般第一次掺水70%～80%，第二次掺入20%～30%，第三次适当蘸水便于面团揉光。其次，需要使劲揉搓，致密的面筋网络的形成需要借助外力的作用。揉得越透，面筋吸水越充分，面团的筋性越强，面团的色泽越白，延伸性越好。

(4)适当饧面,就是将揉好的面团盖上湿布静置一段时间,目的是使面团中未吸足水的粉粒有一个充分吸水的时间。这样面团就不会有白粉粒,还能使没有伸展的面筋进一步得到伸展,面筋得到松弛,延伸性增大,使面团更滋润、柔软、光滑、富有弹性。一般饧面需要15分钟左右。

实 例

鲜肉水饺

❖ 原料

面粉500克、冷水350克、猪夹心肉250克、白糖10克、酱油25克、精盐5克、葱姜末各50克、味精4克、香油5克

❖ 工艺流程

和面→揉面→饧面→下剂→制皮→制馅→上馅→成型→成熟

❖ 制作流程

1.将夹心肉洗净,绞成肉馅,放入盆内,加入酱油、盐、水、白糖、味精、姜末调匀后,加入水100克,搅打上劲后,加入葱末、香油拌匀成馅。

2.面粉倒案上,在中间开一个小窝,加入200克水调成面团,揉匀揉透,搓成直径约1.5厘米的长条,揪成60个剂子,用手按扁,擀成中间稍厚,边缘略薄的面皮,左手托皮子,右手挑起10克左右的馅心,放在面皮中间,左手拇指将放好馅心的面皮挑起,右手拇指与食指将皮子边缘对齐捏紧,呈半圆形的饺子生坯。

3.锅内加入水烧开,放入饺子生坯,用手勺背轻轻推动,以免饺子生坯粘贴锅底,待饺子浮起,再加入2~3次少量冷水,保持锅内水呈沸而不腾的状态,待饺子皮与馅心松离即熟。

❖ 制作关键

1.正确掌握掺水量,控制水温,冬季可以用30℃左右的温水。

2.制馅时,加水要边加边搅,不要一次将水全部加入,以保证馅心黏稠,不出水。

3.皮子要薄厚均匀,包捏时要边窄、肚圆。

4.煮制时要火候适当,保持水面沸而不腾。

❖ 风味特色

皮薄爽滑筋道,馅心鲜嫩。

❖ 相关面点

三鲜水饺、素水饺等。

炸酱面

❖ 原料

面粉 500 克、冷水 200 克、猪夹心肉 125 克、六必居黄酱 30 克、老抽 10 克、味精 2.5 克、黄酒 10 克、葱姜末各 10 克、绵白糖 30 克、清汤 50 克，色拉油适量

❖ 工艺流程

和面 → 揉面 → 饧面 → 擀制 → 切条 → 熟制

❖ 制作流程

1. 将夹心肉洗净，切成小丁；炒锅烧热放入油，加入葱姜末，加入肉丁炒散，加入黄酱、黄酒、老抽，加入清汤，烧开后，加入白糖、味精炒至油亮。

2. 面粉倒案上，在中间开一个小窝，加入水调成面团，揉匀揉透，用擀面杖擀成薄厚均匀的大面皮，折叠数层，用刀切成粗细均匀的面条，抖散。

3. 锅内加入水烧开，放入面条煮熟，挑入碗内，浇上酱汁即可食用。

❖ 制作关键

1. 正确掌握掺水量，控制水温，冬季可以用 30℃ 左右的温水。

2. 面皮要擀得薄厚均匀，面条要切得粗细均匀。

3. 酱要炒透。

❖ 风味特色

面条爽滑筋道，酱香浓郁。

❖ 相关面点

雪菜肉丝面、阳春面等。

馄饨

❖ 原料

面粉 500 克、冷水 200 克、猪夹心肉 250 克、酱油 25 克、精盐 5 克、白糖 10 克、葱姜末各 50 克、味精 4 克、花椒水 2 克、香油 5 克

❖ 工艺流程

和面→揉面→饧面→擀制→包馅→成型→熟制

❖ 制作流程

1. 将夹心肉洗净，绞成肉馅，放入盆内，加入酱油、盐、花椒水、白糖、味精、姜末调匀后，加入水 125 克，搅打上劲后，加入葱末、香油拌匀成馅。

2. 面粉倒案上，在中间开一个小窝，加入水调成面团，揉匀揉透，用擀面杖擀成薄厚均匀的大面皮，切成 10 厘米的正方形面皮，在中间挑上馅心，将面皮对折成长方形，在对折后将两只角交叉捏紧，即成生坯。

3.锅内加入水烧开,放入馄饨生坯煮熟,盛入碗内。

❈ 制作关键

1.正确掌握掺水量,控制水温,冬季可以用30℃左右的温水。

2.面皮要擀得薄厚均匀。

3.制馅时,加水要边加边搅,不要一次将水全部加入,以保证馅心黏稠,不出水。

❈ 风味特色

面皮爽滑筋道,馅心鲜嫩。

❈ 相关面点

煮面皮、小馄饨等。

二、温水面团

温水面团是指用50~60℃左右的温水调制的面团。行业里称为半烫面或三生面。常用于制作家常饼、蒸饺、花式蒸饺等。

温水面团的调制方法有两种,一种是把面粉倒在案板上,中间开窝,将温水倒入窝内,从四周慢慢向里搅拌成雪花面,散掉热气,再用力揉成表面光滑、质地均匀的面团,盖上干净的湿布饧面。另外一种则是将面粉倒在案板上,中间开窝,边加沸水烫粉,边用工具搅拌均匀成雪花面状,然后摊开凉凉,淋上一定量的冷水和成面团,揉至表面光滑,内部均匀,盖上干净的湿布饧面。这种面团颜色较白,有一定的筋力(比冷水面团略差),有良好的可塑性和延展性,制品吃口适中,成品不易走形。

温水面团的调制要领主要有:

1.灵活掌握水温

冬天气温低,面粉自身的温度也很低,并且热气易散发,因而水温可相应高点,夏天可相应低点,水温一般在50~60℃。

2.应散去面团的热气

如果热气散不净,淤结在面团内的热气不但使面团容易结皮,而且表面粗糙、开裂,所以应散去面团中的热气。

3.准确掌握加水量

和面时一般分三次加水,第一次加水70%~80%,第二次加水20%~30%,第三次视面团软硬程度定,一般将剩余的水洒在面团表面进行揉制。

4.动作要迅速,充分饧面

通过静置饧面,可使面团充分吸水,松弛回复良好的延伸性,有利于下一步工序的有效进行。

实 例

家常饼

❖ 原料

面粉 1000 克、绵白糖 15 克、精盐 10 克、味精 10 克、色拉油 40 克、香油 20 克

❖ 工艺流程

烫面→拌成雪花状→洒冷水揉面→饧面→制皮→成型→成熟

❖ 制作流程

1.面粉过筛,放在案上,200 克面粉用 100 克开水拌匀成团;另将 800 克面粉加入盐 10 克,加入温水 500 克调匀面团,然后将两种面团混合成团,饧面。

2.将面坯搓成长条,揪成 10 个剂子,揉成椭圆形,擀成 15 厘米×25 厘米的长方形面皮,刷上一层色拉油,顺势拉长,从上边折过 2 厘米左右,双手拇指、食指分别捏住两头,叠成台阶形成长条,押长后盘成圆饼形,擀成约 20 厘米的圆形生坯。

3.平锅烧热,放少许色拉油,将饼放入锅内,煎至两面金黄即可。

❖ 制作关键

1.和面时,开水要浇匀,加水量要准确,成团后要散尽面团中的热气。

2.折叠时层次要均匀,擀制时用力要适当,成熟时注意火候。

❖ 风味特色

层次清晰,色泽金黄,松而不散,柔润松香。

❖ 相关面点

老家肉饼、薄饼等。

月牙饺

❖ 原料

面粉 500 克、青菜 1000 克、绵白糖 15 克、精盐 10 克、味精 10 克、熟猪油 40 克、香油 20 克

❖ 工艺流程

烫面→拌成雪花状→洒冷水揉面→饧面→制馅→制皮→成型→成熟

❖ 制作流程

1.面粉过筛,放在案上,在中间开一个窝,加入沸水搅拌成麦穗状,散尽面团热气后,再洒上冷水揉匀成团,盖上湿布饧面。

2.将青菜叶洗干净,放入沸水锅内,焯至三成熟后捞出,用冷水漂清,凉透,

捞出剁碎挤干水分,放入盆内,加熟猪油、精盐、绵白糖、味精拌匀即成馅心。

3.面团揉透,搓成长条,下剂(约50个),擀成圆形面皮,放在左手四指上,挑上馅心,将面皮折起,右手拇指、食指沿边依次捏出瓦楞形花纹,即为生坯。

4.生坯入笼,蒸约6分钟,即可出笼。

❈ 制作关键

1.和面时,开水要浇匀,加水量要准确,成团后要散尽面团中的热气。

2.擀皮时要注意手法。

❈ 风味特色

皮薄馅大,馅心软糯香甜。

❈ 相关面点

翡翠烧卖等。

梅花饺

❈ 原料

面粉500克、鲜肉馅300克、胡萝卜末20克

❈ 工艺流程

烫面→拌成雪花状→洒冷水揉面→饧面→制馅→制皮→成型→成熟

❈ 制作流程

1.面粉过筛,放在案上,在中间开一个窝,加入沸水搅拌成麦穗状,再洒上冷水揉匀成团,散尽面团热气后,盖上湿布饧面。

2.面团揉透,搓成长条,下剂(约50个),擀成圆形面皮,挑上馅心,将面皮分五等份向上,分别对捏在一起,呈五个孔洞,用手捏牢,再用手将相邻的边捏在一起,在饼中间形成五个小洞,将胡萝卜末分别填在五个洞口内,即为生坯。

3.生坯入笼,蒸约6分钟,即可出笼。

❈ 制作关键

1.和面时,开水要浇匀,加水量要准确,成团后要散尽面团中的热气。

2.成型时要注意使五个孔洞大小一致。

❈ 风味特色

形似梅花,造型美观。

❈ 相关面点

冠顶饺、一品饺等。

三、热水面团

热水面团是指用70℃以上的热水调制的面团。主要用于制作锅贴、烧卖、薄

饼、空心馃馃等。

热水面团的调制方法是：把面粉倒在案板上，中间开窝，水温必须在70℃以上。在调制时边浇水、边用工具搅拌均匀成雪花状，浇水要匀，拌和要快，水浇完，面烫熟，一次掺水成功。摊开散发热气凉凉后，淋少量冷水，揉搓成团，至表皮光滑，质地均匀即可，盖上干净的湿布饧面。具有颜色略暗，面筋网络被破坏，筋道低，有较好的可塑性和韧性，延展性略差的特点。

根据所用热水的水温和水量不同，可分为二生面、三生面、四生面。用热水调制面团时，有70%的面粉受热变性，有30%的面粉保持生面粉的性质，所形成的面团称之为"三生面"。

热水面团的调制要注意以下几点。

1.控制好水温及水量

水温过低，淀粉不能膨胀、糊化，蛋白质不能变性。面团的筋力过强，不能很好地对制品进行造型，制品吃口偏硬不柔软；水温过高，淀粉迅速糊化膨胀，蛋白质变性明显，面筋弱，面团黏软性强，颜色发暗发黑，达不到面团性质要求。水温的掌握要视不同制品的要求、气温、面粉温度灵活掌握。水温越高面粉吸水量越大，水温低面粉吸水量下降。加水量的多少要根据品种要求灵活掌握，使调出的面团软硬适中，适合面点制品的成型和质量需要。

2.热水要快浇、浇匀

在调制过程中，要边浇水边拌和，浇水速度要快，水浇完，面拌好。目的是使得面粉中的淀粉受热迅速糊化、膨胀，蛋白质变性，减少面筋生成，使得面团性质均匀一致。

3.要及时洒上冷水揉团

热水拌和的面团在揉制之前要洒上冷水再进行揉制，这样可以使得面团的黏糯性更好，吃口软糯不粘牙。必须散去面团内的热气。

面团和好后要切小块，或者摊开凉凉，使得面团中的热气和部分水分散去。因为淤结在面团中的热气可使淀粉继续糊化、膨胀，面团容易变得稀软，甚至粘手，制品容易表面结壳，影响制品质量。

4.饧面

调制好的热水面团需要盖上湿抹布或者保鲜膜，避免表面结皮干裂。

糯米烧卖

❖ 原料

面粉500克、开水250克、糯米馅800克

❖ 工艺流程

烫面→拌成雪花状→洒冷水揉面→饧面→制馅→制皮→成型→成熟

❖ 制作流程

1.面粉过筛，放在案上，在中间开一个窝，加入沸水搅拌成麦穗状，散尽面团热气后，再洒上冷水揉匀成团，盖上湿布饧面。

2.面粉少许撒在案板上，放上面团搓成长条，分为40个剂子，拍扁，用长约23厘米的擀面杖擀制成中间稍厚、边缘较薄、有褶纹并略凸起呈荷叶形的皮子。

3.左手托起面皮，挑馅心抹在面皮中间，随即五指合拢包住馅心，五指顶在烧卖坯的1/4处捏住，让馅心微露，再将烧卖在手心转动一下位置，以大拇指与食指捏住"颈口"，捏拢成石榴形生坯。

4.生坯放入蒸笼内，上锅蒸约5分钟，面皮不粘手时即熟。

❖ 制作关键

1.和面时，开水要浇匀，加水量要准确，成团后要散尽面团中的热气。

2.擀皮时要注意手法。

❖ 风味特色

形似石榴，皮薄馅大，馅心油润，软糯香甜。

❖ 相关面点

冠顶饺、金鱼饺等。

糖糕

❖ 原料

面粉 500 克、水 1250 克、稀面糊 50 克、色拉油 50 克、玫瑰白糖馅 1500 克

❖ 工艺流程

烫面→揉面→加入面糊、色拉油揉匀→搓条→下剂→包馅→成熟

❖ 制作流程

1.面粉过筛备用。

2.将水放入锅内烧开，加入过筛的面粉，边倒边用擀面杖搅动烫匀成团，倒在案上摊开凉凉，边揉面边将稀面糊和色拉油分次揉进面团内，揉匀成团。

3.面团揉透，搓条，下剂，捏成窝形，包入馅心，收口收严，按成圆饼形，下入五成油锅内，炸制鼓起，呈金黄色即可。

❖ 制作关键

1.面团一定要烫透，揉匀。

2.包馅时，一定要捏紧收严，防止白糖渗出。

❖ 风味特色

表面金黄，外焦里嫩，糖油盈口，甜润清香。

❖ 相关面点

菜饺、波丝油糕等。

鲜肉锅贴

❖ 原料

面粉 500 克、开水 250 克、调制好的鲜肉馅 700 克

❖ 工艺流程

烫面→拌成雪花状→洒冷水揉面→饧面→制馅→制皮→成型→成熟

❖ 制作流程

1.面粉过筛,放在案上,在中间开一个窝,加入沸水搅拌成麦穗状,散尽面团热气后,再洒上冷水揉匀成团,盖上湿布饧面。

2.面粉少许撒在案板上,放上面团搓成长条,分为50个剂子,拍扁,用擀面杖将其擀成中间厚、边缘薄的皮子,放上馅心,包成饺子形。

3.煎锅烧热,放入少许油,摆入生坯,将面粉加入少许水,调成稀面水,倒入锅内,至生坯的1/3,盖上锅盖,待水分爆干后,加入少许油,煎至底面金黄色,出锅即可。

❖ 制作关键

1.和面时,开水要浇匀,加水量要准确,成团后要散尽面团中的热气。

2.煎制时要注意火候。

❖ 风味特色

色泽金黄,香脆可口。

❖ 相关面点

素锅贴、牛肉锅贴等。

第二节　膨松面团

膨松面团是指在调制面团过程中除了加水或鸡蛋外，还要添加酵母菌或化学膨松剂或采用机械搅打，使面团具备膨松能力的面团。用膨松面团制作的面点叫膨松面团制品。膨松面团是在调制面团过程中，添加膨松剂或采用特殊膨胀方法，使面团发生生化反应、化学反应或物理反应，改变面团性质，产生许多蜂窝组织，使体积膨胀的面团。具有疏松、柔软、体积膨胀、充满气体、饱满、有弹性，制品呈海绵状结构特点。

一、膨松面团的分类

按膨松方法的不同，膨松面团可分为生物膨松面团（也叫发酵面团）、化学膨松面团和物理膨松面团三种。

二、膨松面团的调制方法及操作要求

（一）生物膨松面团（发酵面团）

生物膨松面团也称发酵面团，即是在面粉中加入适量酵种（或酵母），用冷水或温水调制而成的面团。这种面团通过微生物和酶的催化作用，具有体积膨胀、充满气孔、饱满、富有弹性、暄软松爽的特点，行业习惯称"发面""酵面"，是饮食业面点生产中最常用的面团之一。例如，常见的馒头、包子、花卷等属于生物发酵面团制品。

1. 纯酵母发酵面团的调制方法和要求

将面粉倒在案板上，中间扒一窝，放入干酵母和白糖，加入温水和成团，揉搓成均匀光滑的面团。

（1）掌握好用料比例。

一般加入面粉量2%的干酵母，3%的白砂糖，60%的温水。

（2）要将面团揉匀揉透。

使制品表面光滑，色泽洁白。

（3）掌握好饧置时间。

不同季节饧置时间不一样，夏季短，冬天长。

2. 面肥发酵面团的调制方法和要要求

将当天剩下的酵面加温水抓开，与面粉拌匀，揉成光滑的面团。

(1)用料比例要恰当。一般制作大酵面,面肥的量是面粉量的10%。
(2)发酵的时间要得当。冬天5~6小时,夏天1~2小时即可。
(3)使用前必须要兑碱。因为面团中有酵母菌,产生了酸,必须兑碱。

3.影响生物膨松面坯质量的因素

(1)面粉的质量与发酵的关系

面粉的质量对发酵面坯的影响表现在两个方面。一个是面粉产生气体的性能,另一个是面粉保持气体的能力。其中产生气体的性能,指的是面粉中的淀粉、淀粉酶的含量和活性;保持气体的能力是指面粉中的蛋白质产生面筋的多少和品质的优劣。面筋的数量和质量是决定面坯保持气体能力的重要因素,面筋较多的面坯,具有较强的保持气体的能力,但产生气体的速度较慢,发酵的时间就延长。

目前供应的面粉,大致分为面筋质较多、筋力较大的硬质粉和面筋质较少、筋力较小的软质粉两种。硬质粉在发酵中可适当提高水温,减低一些筋力,以利于气体生成,软质粉在发酵时要降低水温,并加点盐,以增强筋力来提高保持气体的能力。

(2)酵母的用量与发酵的关系

在同一用途的面坯中,酵母(或面肥)的用量多少,对发酵力、发酵时间都有一定的影响。一般来说,酵母用量越多,发酵力越大,发酵时间越短,但超过一定的限度,反而会引起发酵力的减退,根据实验,酵母的用量以2%左右为宜。

(3)发酵温度与发酵的关系

温度是影响面坯发酵的主要因素,是因为酵母和淀粉酶对温度都特别敏感,根据实验,酵母菌在30℃左右,最为活跃,发酵最快,15℃以下繁殖缓慢,0℃以下失去活动能力,60℃以上则会死亡。淀粉酶最活跃的温度是45℃,所以面团发酵的温度控制在35℃左右较为适宜。温度偏低发酵时间要相应延长,温度过高其作用也相应减退,以致杂菌滋生制品酸度增高,控制的方法,主要是应用不同的气温和水温。

(4)水量与发酵的关系

酵母发酵时的用水量对发酵有很大影响。水加得多,面坯较软,容易被二氧化碳气体所膨胀,发酵时间短,但容易使产生气体的散失;水加得少,面坯较硬,既能限制二氧化碳气体的产生,又能限制二氧化碳气体的散失,所需发酵时间长,但却能保持较多的气体,因此,调制发酵面坯,要根据面坯的具体情况,掌握适当的水量,调整好面坯发酵的软硬程度。

(5)时间长短与发酵的关系

酵面的发酵时间,对面点成品质量影响很大,时间过长发酵过头,面坯的质量差,酸味强烈,熟制后软塌不暄,并带有"老面味";时间过短,发酵不足,面坯色暗质差,也影响成品的质量。

因此准确掌握时间是十分重要的。一般来说,时间的掌握,要先看面肥的质量和数量,还要参照气温、水温的情况而定。

4.生物膨松面团发酵程度的鉴别

(1)眼看法:用肉眼观察,若面团表面已经出现略向下塌陷的现象,则表示面团发酵成熟。如果面团表面有裂纹或有很多气孔,说明面团已经发酵过度。用刀切开面团后,面团的孔洞小而少,酸甜味不明显,说明面团发酵不足,还需继续发酵;面团像棉絮,孔洞较大又密,酸味重,说明发酵过头;孔洞呈均匀的蜂窝眼网状结构,即面团发酵成熟。

(2)手触法:用手指轻轻按下面团,手指离开后,观察面团既不弹回也不下陷,表示发酵成熟。如果很快恢复原状,表示发酵不足,是嫩面团。如果很快凹陷下去,表示发酵过度。

(3)手拉鼻嗅法:将一小块面团用手拉开,如果面团有适当的弹性和伸展性,气泡大小均匀,用鼻嗅之,有酒香味;如果拉开的面团伸展性不充分,拉开时看见气泡分布粗糙,用鼻嗅之,酸味小即发酵不充分;如果面团拉伸时断裂,闻到强烈的酸臭味,表示发酵过度。

(二)化学膨松面团的调制方法及要求

化学膨松面团就是将适量的化学膨松剂加入面粉中调制而成的面团。它是利用化学膨松剂发生的化学变化,产生气体,使面团疏松膨胀。这种面团的成品具有膨松、酥脆的特点,一般使用糖、油、蛋等多量的辅助原料调制而成。例如,油条、棉花杯等属于化学膨松面团制品。具有制作工序简单、膨松力强、时间短、制品形态饱满、松泡多孔、质感柔软的特点。适合制作油条、油饼、各种饼干等。

1.化学膨松剂的使用方法

(1)将化学膨松剂与面粉直接拌和后再加水和成面团。

(2)可以先将化学膨松剂用水溶化后再与面粉拌和,揉成面团。

2.化学膨松面主坯的调制工艺

化学膨松面主坯使用的化学膨松剂不同,其调制方法也不同。

(1)发酵粉类主坯调制工艺

将相应比例的面粉与化学膨松剂(发酵粉、碳酸氢铵、碳酸氢钠)一起过筛,倒在案台上开成窝形,将其他辅料(油、糖、蛋、水)按投料要求放入窝内,用手掌将辅料混合均匀,再拨入面粉,用复叠法和成面坯。由于这类面坯含油、糖、蛋较多,且具有疏松、疏脆、不分层的特点,因而又称其为"单酥"或"硬酥"。调制这类面坯时,工艺手法一定要采用复叠的方法。揉搓会使面团上劲、泄油。

(2)矾、碱、盐主坯调制工艺

先将矾用刀拍成细末,矾与盐下入盆内,加适量水,使矾、盐完全融合,再将其余部分的水再与碱面溶化后倒入矾、盐溶液内,迅速将面粉倒入盆内,用拌、叠的手法将面调制成面坯。

3.使用化学膨松剂的注意事项

(1)正确选择化学膨松剂。要根据制品种类的要求、面团性质和化学膨松剂自身的特点,选择适当的化学膨松剂。例如,小苏打适用于高温烘烤的糕、饼类制品。臭粉只适合于制作高温烘烤的薄饼类制品。制作油条之类的食品,只能选用矾、碱、盐膨松剂。

(2)正确掌握化学膨松剂的用量。操作时必须掌握好准确用量:用量多,面团苦涩;用量不足则面团成熟后不疏松,严重影响制品质量。如小苏打的用量一般为面粉重量的1%~2%;臭粉为面粉的0.5%~1%,制油条时,矾、碱使用量为面粉的2.5%左右,发酵粉可按其性质和使用要求掌握用量,只有掌握好用量和比例,才能保证面团膨松质量。

(3)必须用凉水,不宜使用热水。如果用热水溶解或调制,化学膨松剂遇热起化学反应,分解出一部分二氧化碳,从而降低了面团的膨松质量。

(4)面团必须揉匀、揉透。掺入化学膨松剂的面团如未揉匀、揉透,成熟后表面即出现黄色斑点,影响起发和口味。

(三)物理膨松面团的调制方法和要求

物理膨松面团,又称蛋泡面团,蛋糊面团。它是利用机械力的充气方式和面团内的热膨胀原理(包括水分受高温的汽化),在加热熟化过程中使制品保持气体而形成质地膨松。其特点是制品营养丰富,松酥柔软适口,易被人体消化吸收。一般多来用制作蛋糕、泡芙等面点。

1.蛋泡面团的现代调制方法和要求

将糖、蛋、盐放入专用的搅拌器中,先慢速搅拌至糖溶化,再加入蛋糕乳化油搅匀,面粉过筛与发粉搅匀一起加入到搅拌器中慢速搅拌2分钟。再高速搅拌5分钟,同时分次加入奶水,最后再慢速搅拌2分钟。

(1)掌握合理的搅打方法。不同阶段要求不同的搅打方法。有时需要慢速搅拌,将原料搅匀;有时则需要高速搅打2分钟。

(2)合理使用乳化油。蛋糕乳化油的使用量的多少对其调制工艺有很大影响,当蛋糕油使用量大(5%~8%),调制时粉、蛋、糖等原料可以一次加入搅拌;蛋糕油使用量减少时,则面粉应尽量推后加入,有利于蛋液起泡。

2.蛋油面团的调制方法和要点

将糖、油、盐加入到专用搅拌器中,中速搅打10分钟至糖油膨松呈绒毛状,将蛋分两次或加入以打发的糖油中拌匀,使蛋与糖油充分融合,面粉与发粉过筛与奶水分次加入上述混合物中,并作低速搅拌至其均匀细腻。

(1)油脂的使用:应选择可塑性强、融合性好、熔点较高的油脂为好。如氢化油、起酥油。油脂用量多,宜选粉油拌和法;油脂用量较少,宜选用糖油拌和法。

(2)搅拌浆的选用:开始时宜选用叶片式搅拌浆,将油脂搅打软化,最后用球形搅拌浆打充气。

(3)搅打温度的影响:温度过低,油脂不易打发;温度过高,超过其熔点,打力越强。

(4)糖颗粒大小的影响:糖的颗粒越小,油脂打发时间越短,油脂结合空气的能力越强。

3.影响物理膨松面团质量的因素

(1)温度

温度对蛋白起泡性影响很大。20℃以上时,打蛋速度应加快而时间要缩短。这说明温度越高,蛋液和糖的乳化程度也大,打蛋速度越快,起泡性越好。常规情况下,打蛋时温度控制在 25℃~30℃最有利于蛋白的起泡和泡沫的稳定。

(2)时间

蛋白是黏稠性胶体。搅打过程中能使空气均匀地混合在蛋液中,蛋液中气泡越多越好。打蛋时间短,蛋液中空气泡沫不足,分布不均。打蛋时间长,又易使蛋白膜破裂,黏稠性降低,胶体性质发生变化,空气逸出。因此,要严格掌握打蛋时间。

(3)油脂

油脂的表面张力大,蛋白膜很薄,当油与蛋白膜接触后,油的表面张力大于蛋白膜本身的抗张力,因此蛋白膜被拉断,气泡很快消失。可见,油脂具有消泡作用。

(4)pH 值

蛋白的起泡性与 pH 值有关。酸碱度不适当,将影响蛋白的起泡性和持泡性。在蛋白的等电点其渗透压、黏度都达到最低点,使之不起泡或气泡不稳定。中式面点制作工艺中有时加一点食用酸来调节其 pH 值,以提高蛋白的起泡性和持泡性。

(5)蛋的质量

陈旧蛋储存时间长,稀薄蛋增多,浓厚蛋白减少,蛋白的表面张力降低,黏度下降,因而陈旧蛋比新鲜蛋起泡性差,且起泡不稳定。

(6)蛋糕油

蛋糕油是一种膏状的乳化剂,它由防腐剂、乳化剂、溶剂等成分组成。在蛋泡面坯工艺中,可使用一次性投料法生产蛋糕。这是目前糕点行业正在逐渐流行的蛋泡面坯调制新工艺，它使蛋泡面坯的调制工艺比过去更简单，速度更快。蛋糕油的使用量，一般为蛋液的5％左右。

实 例

生肉包子

❖ 原料

面粉 500 克、温水 250 克、大酵面团 150 克、食碱 5 克、猪夹心肉 500 克、葱姜末 5 克、虾子 5 克、白糖 35 克、酱油 75 克、麻油 25 克、清水 150 克

❖ 工艺流程

调馅→和面→成型→成熟

❖ 制作流程

1.将猪夹心肉洗净，剁成肉蓉，放入容器内加酱油、白糖、虾子、葱姜末拌和，拌透后分 2～3 次放入清水共 150 克，沿一个方向搅拌上劲，然后放入麻油拌匀，待用。

2.酵面中放入碱水，施准碱后将面团揉透，搓成长条，摘成 20 个剂子。剂子上撒上少许干粉，然后用右手掌拍成中间略厚、边缘略薄约 8 厘米直径的圆皮。左手托住包皮，中间略凹，用竹刮子上馅，馅心在皮子正中。左手将包皮平托于胸前，右手拇指与食指自右向左依次捏出 32 个皱褶，同时用右手的中指紧顶住拇指的边缘，让起过褶以后的包皮边缘从中间通过，夹出一道包子的"嘴边"。每次捏褶子时，拇指与食指略微向外拉一拉使包子最后形成鲫鱼嘴。

3.包子生坯上笼，置于旺火沸水锅上，蒸约 10 分钟，待皮子不粘手，鲫鱼嘴内略渗出卤汁时即可出笼。

❖ 制作关键

1.面团的用碱量应根据面团的发酵程度正确使用。

2.包捏成型时，右手中指应与拇指、食指配合，抵出包子的"嘴边"。

❖ 风味特色

膨松柔软，形状美观，咸中微甜，汁多鲜嫩。

❖ 相关面点

羊肉包子、三鲜素包等。

蜂糖糕

❖ 原料

面粉 500 克、温水 300 克、老酵面 50 克、食碱 5 克、糖桂花卤 3 克、白糖 175 克、红枣 200 克、红色色素 0.1 克、蜜饯 70 克、色拉油 30 克

❖ 工艺流程

和面→成型→成熟

❖ 制作流程

1.用面粉 500 克，倒在案板上，中间扒一小凹塘，放进老酵面，再放入温水约 250 克，调成面团，揉匀揉透，为防止表皮干硬开裂，用干净湿布盖好，并保持适宜的温度，发酵成酵面。

将酵面兑好碱，碱色呈绿豆色，在面团内再放进白糖、糖桂花卤、温水 50 克揉匀，或拎住一头在案板上掼，掼上劲，这样成熟后既松又有劲。

2.将酵面分成二等份，将面块都揉搓滚动成圆团，至表面光滑而无小气泡为止。用 2 只小钵头，烫洗干净后，钵内用油涂抹一下，将光滑的面团的光面朝下，放入钵头，一般面团的体积只能占钵头的 70%，把钵头放进温房静置，温度需达 40℃ 左右，待酵面饧发至与钵口相平时，即可出温房。

将酵面直接覆入小笼内，1 块面团覆入 1 只小笼，光面朝上，擦去酵面上的油迹，将蜜饯、红枣之类嵌在四周，用右手蘸少许清水，将糕面抹平，即成蜂糕生坯。

3.将蜂糖糕生坯随即放沸水锅上蒸 20 分钟，用竹签子插入糕内，抽出来时签子上没有生面粘在上面，证明已成熟，即可出笼。

出蒸后趁热用特制的大圆戳蘸上红色素溶液，盖上红色图案，或喜庆，或丰收，随个人喜好自己设计。

❖ 制作关键

1.酵面调好后要揉上劲，这样成熟后既松且有劲。

2.搓好的面团要入温房饧发。

❖ 风味特色

甜香可口，松软无比。

❖ 相关面点

红枣发糕、玉米发糕等。

秋叶包子

❖ 原料

面粉 500 克、温水 250 克、老酵面 50 克、食碱 5 克、细沙馅 100 克、绿色素 0.01 克

❖ 工艺流程

选料→和面→醒面→搓条→下剂→成型→成熟

❖ 制作流程

1.用面粉500克,倒在案板上,中间扒一小凹塘,放进老酵面,再放入温水约250克,调成发酵面团,揉匀揉透,为防止表皮干硬开裂,用干净湿布盖好,并保持适宜的温度。

2.将酵面兑好食碱,揉匀揉透,搓成长条,摘成11只剂子;取1只剂子做成10根叶柄。

将每只剂子搓揉光滑,按扁后包进馅心,先用拇指把皮子向馅心捏进一角,在捏进的一只角内放一根叶柄。再用拇指、食指将皮子两面对齐,二指交叉捏进,将一条长缝一直捏到叶尖,即为中间一条叶脉,再用铜花钳在页面的两侧钳出两排"人"字形花纹。

3.将秋叶包子生坯上笼蒸熟后,趁热用牙刷弹上淡绿色色素即可。

❖ 品质要求

色白松软,形似秋叶。

❖ 制作关键

1.面团要调制得稍硬一些。

2.生坯成型后,掌握饧制时间。

❖ 相关面点

白兔包、猪头包等。

糯米卷

❖ 原料

面粉500克、干酵母7.5克、泡打粉7.5克、白糖15克、温水300克、糯米250克、虾米25克、腊肉丁50克、葱10克、姜10克、绍酒15克、白糖30克、熟花生仁50克、熟猪油125克、鸡精10克

❖ 工艺流程

和面→调馅→成型→成熟

❖ 制作流程

1.将面粉中加入干酵母、泡打粉、白糖、温水后调成面团揉成光滑的面团,饧制。

2.糯米洗净后用冷水浸泡5小时,上笼蒸制成熟。砂锅中放入熟猪油,加入葱花、姜末略煸,放入腊肉丁、虾米粒煸炒,再放入黄酒加入适量的水、白糖、鸡精,烧开后倒入熟糯米拌匀,烧开卤汁后拌入熟花生仁、热猪油。

3.将面团分后,取一块坯子擀成长方形面皮,沿着长边放上馅心,压紧压实后卷起面筒状,略饧。

4.生坯熟制:将筒状生坯切成段上笼蒸制 6 分钟即可,改刀装盘。

❖ 制作关键

1.掌握好皮的厚度。

2.控制好饧发时间。

3.馅心必须压紧。

❖ 风味特色

色白松软,软糯香鲜。

❖ 相关面点

血糯楂糕卷等。

黄油卷

❖ 原料

面粉 500 克、干酵母 7.5 克、泡打粉 7.5 克、温水 300 克、白糖 50 克、奶粉 5 克、吉士粉 5 克、鸡蛋 1 只、黄油 50 克

❖ 工艺流程

和面→成型→成熟

❖ 制作流程

1.将放在案板中间的面粉扒一凹塘,加入干酵母、泡打粉、白糖、黄油、奶粉、吉士粉、鸡蛋、温水调匀后将面粉揉成团,饧制 15 分钟。

2.将面团分坯,取一块面坯擀成长方形薄皮,刷上化开的黄油,卷成筒状,沿截面切成剂,用两手拉捏成卷形。

3.生坯上蒸足汽蒸 10 分钟即可。

❖ 制作关键

1.用料比例要得当。

2.面团要揉匀,坯皮要光洁。

❖ 风味特色

色泽淡黄,松暄绵软,香甜味美。

❖ 相关面点

葱油卷、银丝卷等。

紫菜野菌包

❖ 原料

面粉 500 克、白糖 30 克、干酵母 7.5 克、泡打粉 7.5 克、温水适量、白灵菇 200 克、紫菜 50 克、胡萝卜 130 克、大虾仁 30 克、高汤 100 克、盐 4 克、味精 4 克、葱姜末 5 克、淀粉 20 克、色拉油 50 克

❖ 工艺流程

调馅→和面→成型→成熟

❖ 制作流程

1. 将白灵菇洗净切丁，胡萝卜洗净切丁，紫菜切碎，虾仁上浆滑油待用。
2. 加油将葱姜末煸出香味，倒入白灵菇丁煸炒，再加入胡萝卜丁略煸，倒入高汤加入盐、味精，勾芡后拌入浸泡后切碎的紫菜及上浆的虾仁即成馅。
3. 面粉中加入干酪母、泡打粉、温水和成发酵面团。
4. 面团搓条，下剂，包上馅心，捏成有皱褶的包子。
5. 入笼，足汽蒸 6 分钟即可。

❖ 制作关键

1. 面团软硬度要适中，并要将面团揉匀压透。
2. 生坯的饧发时间要恰当。

❖ 风味特色

色泽洁白，皮质松软，纹路清晰，口味鲜美。

❖ 相关面点

什锦包、野鸭包等。

腊肠卷

❖ 原料

面粉 500 克、酵母 7.5 克、泡打粉 7.5 克、糖 30 克、温水 300 克、腊肠 250 克、腊肉 200 克、粟粉 10 克、生粉 5 克、生抽 10 克、老抽 5 克、蚝油 15 克、盐 2 克、味精 5 克、香油 2 克、洋葱 15 克、白糖 30 克、清水 80 克

❖ 工艺流程

选料→和面→揉面→发酵→搓条→摘剂→调馅→成型→成熟

❖ 制作流程

1. 将面粉放于案板上，中间扒一凹塘，放入干酵母、泡打粉、白糖、温水调成团，揉匀揉透，饧制 15 分钟。
2. 锅中放油，将洋葱炸香捞出，再加清水 80 克、生抽、老抽、盐、香油、白糖烧

沸，用生粉、粟粉稀浆勾芡，再加入蚝油、味精搅匀即成；将腊肠、腊肉切成段，分别与芡料拌匀即成。

3.将面团搓条摘剂，每只剂子搓成22厘米的圆条缠绕在1根腊肉组成的馅心上即成，入发酵箱饧发20分钟。

4.将生坯装入笼中，旺火沸水蒸8分钟即成。

❖ 制作关键

1.面坯搓条时粗细要一致。

2.成型时，面条头、尾必须压紧。

3.生坯饧发时间要恰当。

❖ 风味特色

色白松软，形态规整，味咸鲜香。

❖ 相关面点

热狗卷、香肠卷等。

千层油糕

❖ 原料

面粉950克、温水650克、老酵面300克、食碱5克、猪板油丁400克、白糖600克、熟猪油150克，红、绿丝10克

❖ 工艺流程

选料→和面→饧发→擀制→成型→成熟

❖ 制作流程

1.用面粉600克，倒在案板上，中间扒一小凹塘，放进老酵面，再放入温水约300克，调成发酵面团，揉匀揉透，为防止表皮干硬开裂，用干净湿布盖好，并保持适宜的温度。

将发酵面兑好食碱，呈绿豆色，揉匀后盖上湿布。取350克面粉置案板上，中间扒一小塘。将兑好碱的酵面摘成若干小面团，撒放于面粉上。将350克温水分2～3次徐徐倒入面粉中，揉匀揉透后，摔打上劲。置于案板上，盖上湿布，饧发10分钟。

2.在案板上撒上少许干面粉，将饧好的面团滚上粉，擀成2米长、40厘米宽的长方形面皮。将熟猪油溶化，均匀地涂在面皮上，再撒上白糖抹均匀后，再将猪板油丁均匀地铺在上面，从左向右将面皮卷起呈筒状，卷紧，两头要一样齐。用擀面杖将圆筒压扁，再擀成长方形厚皮。将两头擀薄后向里叠成方角，在将两边向中间叠起，然后对折，叠成4层的正方形糕坯，用擀面杖压成40厘米见方生坯。

3.用大笼1只，笼垫上刷熟猪油，将生坯平放于笼内，将红绿丝撒在糕面上铺

匀,蒸约45分钟,当糕面膨起、触之不粘手时即可出笼。

将取出的糕凉凉,用快刀修齐四边,切成6根宽条,将第1条和第6条各切成6块大小形状相同的菱形块,其余每条切成7块小菱形块。食时上笼蒸透,装盘上桌。

❖ 制作关键

1.面团要调得有劲力,擀皮时应用力均匀,使之厚薄一致,面粉应撒均匀。

2.每次折叠应均匀,不能弄破面皮,以免蒸时漏糖油。

❖ 风味特色

色泽透明,绵软甜嫩,层次清晰。

❖ 相关面点

千层饼等。

小笼馒头

❖ 原料

面粉350克、温水140克、酵种225克、食碱8克、净猪腿肉450克、猪皮冻150克、香葱10克、生姜20克、虾子2克、黄酒5克、精盐10克、酱油50克、清水150克、味精2.5克、白糖100克

❖ 工艺流程

选料→和面→饧发→擀制→成型→成熟

❖ 制作流程

1.将面粉325克入缸扒开,用80℃热水140克(夏季用温水)和成雪花面,再将撕碎的酵种和食碱倒入,揉和至光滑软韧为酵面。

2.把猪腿肉洗净剁碎加酱油、精盐、黄酒拌和,皮冻搅碎掺入肉中,加绵白糖、味精、香葱、姜末拌和成馅。

3.将面团再揉成长条,摘成大小相等的剂子40个,撒些薄面,用擀面杖擀成边薄中厚的圆皮(直径约5厘米),放馅(25克),捏成有15~20个折纹的馒头生坯。

4.取小格蒸笼,铺衬草垫,每格放10只生坯,上旺火沸水锅蒸约五六分钟即可取出。食时备玫瑰香醋和嫩姜丝作料。

❖ 制作关键

1.酵面不要发得太足。

2.皮要擀得薄。

❖ 风味特色

皮薄而多卤,甜中有咸,葱姜溢香。

❖ 相关面点

黄金大饼、金银馒头等。

虾肉生煎饺

❖ 原料

面粉 500 克、干酵母 7.5 克、泡打粉 7.5 克、白糖 30 克、温水 600 克、龙虾肉 150 克、鲜虾仁 150 克、马蹄 100 克、琼脂 10 克、鸡汤 200 克、葱花 10 克、姜末 10 克、黄酒 20 克、盐 10 克、胡椒粉 5 克、香油 10 克、脱壳白芝麻 100 克、色拉油 50 克

❖ 工艺流程

选料→和面→调馅→搓条→下剂→成型→成熟

❖ 制作流程

1. 将面粉放于案板上,中间扒一凹塘,放入干酵母、泡打粉、白糖、温水调成面团,揉匀揉透,饧制 10 分钟。

2. 将龙虾肉、鲜虾仁拍碎,拌入马蹄(切粒)、葱、姜、盐、胡椒粉、黄酒、香油;将琼脂泡开,洗净后与鸡汤、盐、味精熬成琼脂液,冷却成冻;将琼脂冻捏碎与虾肉馅拌匀即成。

3. 面团揉透,搓成长条,下成小剂(20 克),擀成圆形面皮,放在左手上,挑上馅心,包成饺子形,即成生坯。

4. 将平底锅洗净烧干,淋入色拉油,放入生坯煎制,分次加入开水,煎至底部金黄,上部色白不粘手即可。

❖ 制作关键

1. 掌握好坯皮的厚薄。

2. 成型时捏出的纹路要清晰均匀。

3. 煎制时控制好加水量和火候。

❖ 风味特色

色白松软,底部色泽金黄,馅心鲜嫩,汁多鲜香。

❖ 相关面点

鱼肉煎饺等。

马拉糕

❖ 原料

面粉 200 克、淡奶 200 克、白糖 250 克、吉士粉 20 克、泡打粉 15 克、黄油 100 克、鸡蛋 300 克

❖ 工艺流程

选料→和面→装模→蒸制

❖ 制作流程

1.将面粉、淡奶、白糖、吉士粉、泡打粉、黄油、鸡蛋调好后拌匀，调成糊状过筛，倒入刷过油的不锈钢方盆中。

2.将方盆上笼足汽蒸 25 分钟即可。

❖ 制作关键

1.用料比例要得当。

2.调制糕坯时要将白糖、黄油等调匀。

❖ 风味特色

松软甘香，糕身饱满，内部气孔排列均匀。

❖ 相关面点

松糕、棉花杯等。

鲜奶油盏

❖ 原料

面粉 200 克、黄油 80 克、糖粉 80 克、鲜奶油 200 克、鸡蛋 80 克、吉士粉 10 克、泡打粉 4 克、水适量、红樱桃

❖ 工艺流程

选料→和面→调馅→成型→成熟

❖ 制作流程

1.面粉放于案板上扒一塘，加入黄油、糖粉、鸡蛋、吉士粉、泡打粉、水调匀，再与面粉采用"折叠法"调成团。

2.将鲜奶油、白糖放入打蛋器中，以中速打泡，再低速搅打 2 分钟。

3.将面团擀成薄皮，用菊花形套模刻出圆皮，装入抹过油的菊花盏将底部按薄。

4.将生坯放入 160℃ 的烤箱烤至成熟，冷却后挤入鲜奶油，用红樱桃末点缀。

❖ 制作关键

1.用料比例要得当，面团采用"折叠法"调制。

2.盏的底部要按薄。

3.烘烤温度一般为 160℃。

❖ 风味特色

油盏金黄，呈菊花边形，酥松甘甜，奶油洁白，细腻香甜。

❖ 相关面点

马拉糕、香蕉奶油盏等。

清蛋糕

❈ 原料

低筋面粉 600 克、鸡蛋 100 克、白砂糖 600 克、色拉油 50 克

❈ 工艺流程

选料→配料→原料搅拌→装模→烘烤

❈ 制作流程

1.将鸡蛋液、白砂糖加入打蛋器中,打开打蛋机高速搅打至起泡,发白,呈黏稠状时停止,然后加入低筋粉,慢慢搅匀(可适当加些香料)。

2.将蛋糊倒入已垫上牛皮纸,刷上色拉油的烤盘中,放入已预热到180℃的烤箱中烘烤。烤20分钟左右,至棕黄色即成。

❈ 制作关键

1.搅粉时不能搅动。

2.选用的鸡蛋要新鲜。

❈ 风味特色

色泽棕黄,绵软细腻,口香味美。

❈ 相关面点

花纹蛋糕、海绵蛋糕等。

泡芙

❈ 原料

麦淇淋 400 克、面粉 550 克、水 600 克、盐 20 克、鸡蛋 18 只、鲜奶油 200 克、白糖 40 克

❈ 工艺流程

选料→配料→和面→调馅→成型→成熟→成品

❈ 制作流程

1.将水倒入锅中烧开,加入盐、麦淇淋,化开后加入面粉烫透。将面团倒入搅拌机中搅打均匀,分次加入鸡蛋打匀后即可。

2.将鲜奶油、白糖放入打蛋器中,以中速打泡,再改低速搅打2分钟即可。

3.将蛋糊加入裱花袋中,在刷过油的烤盘中挤注成型。

4.将烤盘放入180℃的烤箱中,烤约25分钟呈现淡红褐色即可。

❈ 制作关键

1.生粉需要烫透,无颗粒。

2.烫好的面团须冷却才能将鸡蛋逐只打入。

3.烘烤时要一次性成熟,中途不能打开炉门。

❖ 风味特色

内空无絮状物,壳薄,呈金黄色,外酥脆,内松软。

❖ 相关面点

天鹅泡芙、巧克力泡芙等。

蛋糕杯

❖ 原料

鸡蛋8只、白糖400克、面粉400克、鲜奶油400克、泡打粉12克、瓜子仁50克

❖ 工艺流程

选料→和面→装模→烘烤

❖ 制作程序

1.鸡蛋液倒入打蛋器中打发起泡,倒出;鲜奶油和白糖倒入打蛋器中,再打发;面粉、泡打粉拌匀,筛入鲜奶油中,拌匀,再将奶油糊与蛋泡糊拌匀,舀入蛋糕杯中,瓜子仁均匀地撒在蛋糕杯表面。

2.将蛋糕杯放入180℃烤箱中,烘烤15分钟即可。

❖ 制作关键

1.蛋清采用中速打发。

2.蛋黄、液态鲜奶油(打发)与面粉拌匀后再加入蛋泡中拌匀。

3.烘烤的温度一般为180℃。

❖ 风味特色

色泽金黄,膨松柔软,细腻滋润,奶香浓郁。

❖ 相关面点

黄油蛋糕、香蕉蛋糕等。

第三节　油酥面团

一、油酥面团的概念

油酥面团是指以油脂和面粉为主要原料,再配以水、辅料(如鸡蛋、白糖、化学膨松剂等)调制而成的面团。用油酥面团制作的食品,具有质地酥松、口味酥香和营养丰富的特点,是面点中具有特色的品种。精细的点心大部分都用油酥面团制成。

二、油酥面团的分类

根据成品分层次与否,可分为层酥面团和混酥面团两种。根据调制面团时是否放水,又分为干酥和水油酥两种。根据成品表现形式,可分为明酥、暗酥、半明半暗酥三种。根据操作时的手法分为大包酥和小包酥两种。

三、油酥面团的起酥原理

油酥面团之所以能够起酥,是调制时只用油不用水与面粉调成面团的缘故。干油酥所用的油脂是一种胶体物质,具有一定的黏性和表面张力。把油脂与面粉和成团后,面粉的颗粒被油脂包围,黏在一起。由于油脂的表面张力强,不易化开,所以油脂和面粉结合得不紧密。但经过反复地"擦"制,扩大油脂颗粒与面粉的接触面。也就是充分增强了油脂的黏性,使黏结力逐渐加强,成为油酥面团。由此看来油酥面团能形成的主要原因是靠油脂表面张力黏结成团的,故不能形成面筋网络和增加黏度,油酥面团仍然比较松散,没有黏性,没有筋力,这就形成了与水调面团不同的性质,即它的起酥性。

虽然油酥面团具有很大的起酥性,但面质松散、软滑、缺乏筋力和黏度,在加热制熟过程中也会遇热而散碎,故不能单独制成成品。因此,必须加入其他的原料或采用其他方法与油酥面团配合,这就形成了加入水、油、糖和膨松剂等调制的单酥;包入其他面皮内的水油酥、酥皮、擘酥等各种油酥面团。

所谓层酥面团,是由两部分组成,即皮面和酥面,皮面一般有水油酥皮、酵面皮和蛋面皮,大部分的层酥面坯都是以水油酥为坯皮。成品成熟后,显现出明显的层次,标准要求是层层如纸,口感松酥脆,口味多变。

层酥性面坯是由两块性质完全不同的面坯组成的。由于干油酥有极强的起酥性，被包入水油面坯内，经过叠、卷、擀等开酥工艺后，形成了层状结构，在层片之内，面筋网络起结构稳定的作用，油酥起主要作用，油酥经过加热，使面粉粒本身膨胀，受热失水"碳化"变脆，就达到层酥的要求。

四、油酥面团的特点

1.面粉加入油脂和水，合成水油面生成的面筋柔软而有韧性，外皮不发硬。

2.面粉加入油脂，提高了面粉的质量，减低了面粉的黏性，便于操作。

3.油酥制品外形饱满，色泽美观，层次清晰，质地柔软、肥嫩、香脆酥松，入口即化，富有营养。

4.油酥制品经不同的起酥方法及制作方法，可制作出形态各异、形象生动而富有艺术性的各种精细糕点。

五、层酥面团

层酥类面团是指用水油面团包入干油面团经过擀片、包馅、成型等过程制成的酥类制品。成品成熟后，显现出明显的层次，这种面团制品具有层层如纸、富有层次、口感松酥脆、口味多变等特点。根据使用的原料和制作方法的不同，又可以分为酥皮类面团和擘酥类面团两大类。代表品种有双麻酥饼、海棠酥、眉毛酥、葫芦酥、木瓜酥等。

（一）酥皮类面团

1.干油酥面团

干油酥，指的是全部用油、面粉调制而成的面团。它具有很大的起酥性，但面质松散、软滑、缺乏筋力和黏度，故不能单独制成成品。它在层酥中的作用：一是作为馅心；二是成品熟制后酥松。干油酥之所以能够起酥，是调制时只用油不用水与面粉调成面团的缘故。干油酥所用的油质是一种胶体物质，具有一定的黏性和表面张力。面粉加油调和，使面粉颗粒被油脂包围，隔开而成为糊状物。在面团中油脂使淀粉之间联系中断，失去黏性，同时面粉颗粒膨胀形成松疏性，蛋白质吸不到水，失去了面筋质膨胀性能，使面团不能形成很强的面筋网络体。原料成型后，再经过烤制加热成熟，使面粉粒本身膨胀，受热失水"碳化"变脆，就达到层酥的要求。这就是干油酥面团起酥的原理。

由于用油脂与面粉调制面团，和用水、面粉调制面团的情况不同，所以调制面团的方法也就不相同。它所用的是"搓擦"法，行话叫"擦酥"。所谓擦酥，是指面团拌和后，放在案板上滚成团，用双手的掌根一层层向前推，边推边擦，推成一堆后，再滚成团继续推擦。反复擦透的目的是使其增加油滑性和黏性。干油酥面团能否达到标准全在于面点师搓擦的水平。一般来说，3千克一块干油酥面，要反复地推擦20分钟左右。擦好的标准是：面团透明润滑。调制干油酥，除了明白搓擦调制方法外，还应把握住以下几个关键环节：

（1）和油酥面团的面粉，选用低筋质的生粉（也有用蒸熟的面粉）起酥效果好。

（2）用动物性油脂比植物性油脂起酥效果好。这是因为动物性油脂在面团中呈片状和薄膜状，润滑面积大，结合的空气较多，所以起酥性更强。

（3）调制干油酥需用凉油，如果用热油，面团会黏结不起来。制成的成品容易脱壳和炸边。

（4）掌握配方要准。一般500克面粉，加油量200克为宜。

（5）调制好的干油酥面团软硬度和水油面团相一致。

（6）注意水油酥和干油酥的比例要适当。一般干油酥40%，水油酥60%。

（7）反复推擦，擦匀、擦透，使其增加润滑性和黏性。

（8）面团揉好后，用干净的湿布盖上，防止面团干裂、结皮。

2.水油酥面团

水油酥面团是用适当的水、油、面粉调制成的面团。它既有水调面团的筋力、韧性和保持气体的能力，又有油酥面团的滑润性、柔顺性和起酥性。它是介于这两者之间而形成特殊性能的面质。它的作用是与干油酥配合后互相间隔，互相依存，起着分层起酥的效果。使油酥面团具备了成型和包捏的条件，将干油酥层层包住，解决了干油酥熟制后散碎的问题。使成品既能成型完整，又能膨松起酥，达到了层酥的成品特点。

水油酥面团的调制与一般面团的调制方法相同。面粉中的蛋白质与水结合，形成面筋，使面团有了弹性、韧性，而油脂则限制面筋的形成。在面团中油脂以油膜的形式分布在面粉颗粒周围，限制了蛋白质吸水，阻止了面筋网膜形成。即使在和面过程中形成了一些面筋碎块（小局部），也由于油脂的隔离作用不能彼此黏结在一起，不会出现水调面团网络形成的现象，从而使面团弹性降低，可塑性和延伸性增强。水油酥面团的特性，决定了它在层酥中只能做皮的地位。要想使层酥的点心制作成功，水油酥面团调制就要达标。调制好水油酥面团的关键要把握以下几个环节：

（1）必须正确掌握水、油、面的配料比例。一般要求：500克面掺水200克、油100克左右。

（2）以油、水掺和后同时掺入面粉为好，如果分别掺入面团，会给和面均匀带来不便。

（3）使用中筋粉，面粉要使劲揉搓，使面团起筋，揉匀揉透。搓透的标准是面团光滑、有韧性。否则制成的成品易产生裂缝。

（4）用水温度要在30℃～40℃，夏天水温低一些，冬天水温高一些。

(5)面团揉好后,用干净的湿布盖上,防止面团干裂、结皮。

用水油面团做皮,干油酥面团做馅才能做好层酥点心,用干油酥面团做酥点,当然可以起酥,但面质过软乏,缺乏筋力和韧性,就是勉强成型,在加热制熟过程中也会遇热而散碎。为了保证酥点酥松的特点,又要成型完整,就不能用干油酥面团来做皮,要用有一定筋力和韧性的面团来做皮料。用水调面团虽然做皮成型效果好,但影响点心酥性。最好的选择是用适量水、油调制的大油面团做皮。这样皮和馅心密切结合,水油酥包住干油酥,经过折叠,擀压,使水油酥与干油酥层层间隔,既有联系,又不粘连,既能使面团性质具有良好的造型和包捏性能,又能使熟制后的成品具有良好的膨松起酥性,并形成层次而不散碎。

3.酥皮的分类

由于油酥制品的种类花色不同,酥皮可分为明酥、暗酥、半暗酥。

(1)明酥

明酥是指制品表面酥层外露,并且酥层所占的表面积较大。明酥的表现形式一般有螺旋纹形(称为圆酥)和直线形(称为直酥)两种。明酥又可分为圆酥、直酥、排丝酥(排丝酥也是直酥皮的一种,因为排丝酥最后出来的层次也是直的)。

①圆酥

将面皮包入酥面,擀开折叠三层,再擀开,然后卷成圆筒形,用快刀由右端切下所需厚薄的剂子,将刀面向上,用擀棒由内至外擀成圆形皮,包馅时将被擀的一面在外包起,最终使被擀一面的圆形酥层显在外面。如眉毛酥、酥盒等。

❖ 制作关键

a.擀制时双手用力要均匀,不可用力过猛,尤其是圆形的中心点。

b.圆形皮擀开即可,切勿反复擀制,以免影响酥层。

②直酥

即将起酥后的坯皮卷成圆筒形后,用快刀由右端切下长段,再顺长段一剖为二,成两个半圆形长段的坯子。将刀切面向案板擀成长形皮,包入馅心,使直线酥纹显在外面。如萝卜丝酥饼(即宣化酥)、蚕蛹酥等。

❖ 制作关键

a.酥面的含量较其他制品要略少一点,这样在炸制时层次才显分明,如酥面过多则容易松散、穿馅;

b.对于炸制时易飞酥、走层(即层次不清晰)的酥制品,如确实无法掌握好酥面与面皮的比例,在炸制时可适当升高油温,使之尽快定型,以防"飞酥"。

③排酥

将面皮包入酥面,擀开折叠三层,再擀开,切成若干所需大小的面片,然后将面片叠在一起,由右端用快刀切下所需厚薄的剂子,刀切面向上,用擀棒顺直酥条纹擀开，包馅即可。

面皮及酥面分别放置于平底盘内，入冰箱冷藏 1 小时左右(冷藏时间视两块皮的软硬度情况而定，油酥按下去已经发硬按不动了，面皮按下去会有浅浅的手指印即可)，取出，将酥面摊放于面皮之上或是面皮摊放于酥面之上(两块皮的大小需一致)，反复折叠三次(即按折叠三层后擀开，再折叠三层，再擀开，再折叠三层)，然后用刀斜切，擀开，包馅即可。前者适于制作量少、要求精致的点心，如"杏片花瓶酥"，而后者则适于量多、出品快的点心。

❖ 制作关键

a.起酥时两手用力须均匀，使酥面能在面皮内分布均匀，坯皮厚薄一致，以确保重叠在一起的面片厚薄一致；

b.叠加在一起的面片一般不可用任何粘连液(如蛋液等)，除非油量大的制品因难以叠加可在其每一层蘸上少量水；

c.叠起后如过软可置于冰箱冷藏片刻(至切下的剂子不变形即可取出)；

d.顺直纹擀开后正反两面都可以按成品需要显露在外面(正反两面所显示出的效果是不同的，试试便知)，而在另一面(也就是包馅的一面)，需刷上鸡蛋液再包馅，以防脱壳、漏馅。

(2)暗酥

暗酥，即在成品表面看不见层次，只在其侧面或是剖析面才可以看得见。由于制作方法的不同，暗酥又可分为圆段侧按(卷酥)和叠酥两种。暗酥的酥层藏在制品内部，熟制时因内部油酥受热熔化，气体向外散逸，故胀发性大。暗酥在酥皮类制品中用途最广。其质量要求除符合油酥制品的一般要求外，特别要求熟制后胀发大；外皮不破，酥层不露；内部层次清晰，层多且均匀。

卷酥：即将起酥后的坯皮卷起成筒状，由右侧切下一段，将刀切面向两侧，按扁，擀开，光面向外包馅成型即可。如白皮酥、黄桥烧饼等。

叠酥：即将起酥后的坯皮反复折叠而起，再用快刀切成所需坯皮形状，或圆或方，包馅即可，如君子兰酥。

❖ 制作关键

酥面的含量要比明酥中酥面的含量大(明酥中一般为 3∶2)。特别是烤制品，面皮中的含油量也要适当增加。

(3)半暗酥

半暗酥：即将起酥后的坯皮卷成圆筒形，切段后，用手沿 45°角斜按下去，轻轻擀开，包馅即可，螺旋纹酥皮层在外。如桃酥、苹果酥等。适宜制作水果类的花色酥，其制品胀发大且均匀，形态逼真。

❖ 制作关键

擀皮时中间稍厚，四周稍薄，因此酥皮类制品较特殊，仅有一部分酥层外露，经炸制后受热膨胀性较强，如果开皮时出现大小面，炸出后错层就更厉害，因此应严格掌握生坯的大小比例，要求大小一致。

4.包酥

包酥又称为破酥、开酥、起酥等。就是用水油面包干油酥，经反复擀薄叠起，形成有层次酥皮的过程。包酥是制作油酥制品的关键，包得好与差，直接影响成品质量。一般可分为大包酥和小包酥。

具体做法是：首先，将干油酥包入水油面内，然后封口、按扁，擀成厚薄均匀的长方形薄片。其次，一折为三，即左边的1/3和右边的1/3分别折向中间成为重叠的三层，如此反复一到二次然后再擀薄，其厚薄与第一次一样。一般用两种方法制皮：①卷。将擀好的长方形面片由一面向另一面卷拢成条状，再根据制品的规格要求，搓条，切或揪成面剂制皮。②叠。将擀好的长方形面片根据制品大小要求进行裁分，然后叠加，再切成一定厚度的片剂制皮。

(1)包酥的方法

①大包酥

大包酥又称为大酥，适用于大批量生产，所用的面团比较大，一次可制作十几个到几十个酥皮，优点是速度快、效率高，缺点是酥层不容易起得均匀，油酥层次少，酥松性差。

②小包酥

小包酥又称为小酥，一次可制作一个或几个酥皮，将水油皮、油酥分割成小面团后分别包制、擀卷，优点是容易擀卷，层次清晰，酥松性好，不易破裂，缺点是较费工时、速度慢、效率低，不适合大量制作。

(2)包酥的要点

①水油面和干油酥的比例要适当。水油面过多，则成品不容易分层，口感硬实，不酥松；干油酥过多则成型困难，易断裂、漏馅，成熟时易散碎。油面和酥面的比例，要视成品成熟的方法而定，如炸制品一般是3∶2，烘烤的制品，则可掌握在1∶1的比例。

②水油面和干油酥的软硬度必须一致。若水油面软，干油酥过硬，起酥时易破酥；若水油面硬，干油酥软，则不容易擀制，而且酥层不清晰、不整齐。

③擀制时用力要均匀，轻重适当，擀出的酥皮要平整、规则、厚薄一致，才能保证酥层均匀。操作时要勤撒干粉，要做到少撒勤撒，否则易脱壳发硬，卷筒时不易卷紧，造成松散，酥层之间不易黏结，造成层次不清。起酥皮后的酥皮应盖上湿布，并且尽快制作，防止外皮起壳而影响成型。

④包制时应将干油酥包在正中间,注意水油面皮四周厚薄要均匀,干油酥分布也要均匀。切坯皮的刀一定要锋利,否则会在酥层上有划痕,炸或烤出来后酥层就会不清晰。一般应边起酥边成型。

(二)擘酥面团

清酥面点,又称松饼,英文统称"puff pasty"。香港地区、广东人称其为擘酥,或叫千层酥、多层酥。擘酥是广式面点最常用的一种油酥面团,广东人制作的擘酥沿袭了西点制作工艺,成品松香酥化,可配上各种馅心或其他半制品,如鲜虾擘酥夹、冰花蝴蝶酥、莲子蓉酥盒等。像"贵盏鸽脯"菜品,便是用西点擘酥盒烤制后,盛装炒熟之鸽脯等菜料而成的佳品。

1.酥面的调制

❈ 原料

熟猪油、面粉

❈ 工艺流程

熟猪油 ＋ 面粉→掺入面粉→拌和擦制→压形→冷冻→酥面

❈ 调制方法

在冷却凝结的熟猪油中掺入少量面粉,拌和擦制均匀,压成板形,放入特制器具内(铁箱),加盖密封,放入冰箱内,冷冻4～6小时后,冷冻至油脂发硬,成为硬中带软的结实板块状,即为油酥面。

❈ 调制要点

要掌握好用料比例,一般面粉是熟猪油重量的30%;控制好冷冻时间;一般选用凝结有韧性的熟猪油、奶油、黄油等油脂制作。传统的油酥面团制品主要使用熟猪油制作而成具有色白、酥层清晰、造型美观等特点,但吃口有些油腻,不够酥脆,冷食效果更差,使用奶油或人造奶油、起酥油代替熟猪油已势在必然。

2.水面的调制

❈ 原料

面粉、蛋液、白糖、清水

❈ 工艺流程

面粉＋蛋液＋白糖＋水→拌和→揉搓→冷冻→水面

❈ 调制方法

面粉倒在案上,中间扒一坑塘,将蛋液、白糖、清水放入其中调匀,再与面粉搅拌均匀,用力揉搓,揉至面团光滑上劲为止,放入铁箱中,加盖密封,入冰箱冷冻即成。

❈ 调制要点

掌握用料比例,每一种料都要进行称量;控制冷冻时间;面团必须揉匀搓透。

3. 起酥的方法

具体方法是将冻硬的酥面平放在案板上，用通心槌擀压、平压等。再取出水面，也擀压成油面酥面大小相同的长方形块，放在酥面上，对正。用通心槌擀压成日字形，将两头向中间折入，轻轻压平，叠成四层，再擀成长方形。在第一次折叠的基础上，再用通心槌压成日字形，同上述一样第二次折叠。依此再进行第三次折叠，擀成长方形，放入铁箱冷冻半小时即可。

4. 起酥的要点

(1) 掌握用料比例，控制冷冻时间；

(2) 酥面和水面硬度要一致；

(3) 操作时采用擀、敲、压相结合的方式，落槌要轻，擀制时用力要均匀。

实 例

黄桥烧饼

❖ 原料

精面粉 2500 克、酵面 12.5 克、猪生板油 625 克、香葱 500 克、芝麻 175 克、精盐 75 克、饴糖 60 克、食碱 20 克，熟猪油适量

❖ 工艺流程

调制面团（皮面、酥面）→开酥→包馅→成型→烘烤

❖ 制作流程

1. 在制作烧饼的前一天晚上，取面粉 500 克，用 70℃～80℃ 的水 250 克（夏季用 50℃ 的水）拌匀，摊凉至微温（20℃ 左右，夏季凉透）时加酵面揉匀，覆盖棉被饧发。当天早晨另用面粉 635 克加 325 克热水（温度同上）拌匀，稍凉再与已饧好的面团揉和，静饧 1 小时。

2. 盆内放面粉 1375 克，用熟猪油拌和成油酥面；芝麻淘洗净去皮，倒入热锅中，炒至鼓起呈金黄色时出锅，摊到大匾内凉凉；猪生板油去膜，切成小丁，香葱洗净去根切成细末。取 200 克加猪板油丁和精盐 30 克拌匀；取 750 克油酥面，加葱末 300 克、精盐 40 克和匀。

3. 食碱用沸水化开，分数次兑入酵面里揉匀，静饧 10 分钟，擀成圆筒形长条，摘成 100 个面坯，逐个按扁，包入油酥面 7.5 克，擀成长 10 厘米、宽 6 厘米的面皮，左右对折后再擀成面皮，然后由前向后卷起来，用掌心按成直径约 6 厘米的圆形面皮，放在左手掌心，铺上猪生板油 8.5 克，再加带葱油酥 10 克，封口朝下，擀成直径约 8 厘米的小圆饼；上面涂上一层饴糖，糖面向下，蘸满芝麻后，装入烤盘，入炉烤约 5 分钟至熟即可出炉。

❖ 操作要点

1.调制面团时,两块面团的软硬程度要一致,注意皮面和酥面的比例。

2.擀制时,用力均匀适当,卷条时要卷紧。

3.包馅时,应包在正中间,收口收严。

4.注意烘烤温度。

❖ 风味特色

色泽金黄,香脆滑润。

❖ 相关面点

萝卜丝酥饼、盒子酥等。

三角酥

❖ 原料

面粉1000克、猪油400克、白糖190克、温水200克、芝麻仁、核桃仁各25克、瓜子仁、花生仁、松子仁各20克、熟面粉150克、色拉油150克

❖ 工艺流程

调制面团(皮面、酥面)→开酥→包馅→成型→烘烤

❖ 制作流程

1.面粉500克放在案板上,开窝,加入猪油200克、白糖40克,加入温水,将水、油、糖搅匀后,调成光滑的面团。另将剩余面粉放在案上,开窝,加入猪油,拌匀后,反复推擦成团。

2.将馅料中的各种果仁烤熟,压碎成粒,加入剩余的白糖、熟面、色拉油拌匀成馅。

3.将水油面揉透,干油酥擦匀,以水油面与干油酥3∶2的比例分别下剂,用水油面包干油酥,收口按扁,擀成长条形,顺长对折,再擀成长条形,顺长卷起成卷状,将两头向中间折起,擀成酥皮,包入五仁馅,做成圆球形,收口朝下,再把饼边向上捏成三角形的饼坯,刷上鸡蛋液,备用。

4.烤箱升温,上火220℃,下火200℃,将饼坯放入,约15分钟烤熟即可。

❖ 操作要点

1.调制面团时,两块面团的软硬程度要一致,注意皮面和酥面的比例。

2.擀制时,用力均匀适当,卷条时要卷紧。

3.包馅时,应包在正中间,收口收严。

4.注意烘烤温度。

❖ 风味特色

形态美观,皮酥馅软,香酥适口。

❖ 相关面点

老婆饼等。

佛手酥

❖ 原料

面粉 1000 克、猪油 400 克、白糖 40 克、温水 200 克、豆沙馅 1500 克

❖ 工艺流程

调制面团（皮面、酥面）→开酥→包馅→成型→烘烤

❖ 制作过程

1. 面粉 500 克放在案板上，开窝，加入猪油（200 克）、白糖，加入温水，将水、油、糖搅匀后，调成光滑的面团。另将面粉 500 克放在案板上，开窝，加入剩余猪油，拌匀后，反复推擦成团。

2. 将水油面揉透，干油酥擦匀，以水油面与干油酥 3∶2 的比例分别下剂，用水油面包干油酥，收口按扁，擀成长条形，顺长对折，再擀成长条形，顺长卷起呈卷状，将两头向中间折起，擀成酥皮，包入豆沙馅，做成圆球形，收口朝下，把生坯搓成椭圆形，将一头揿扁呈铲刀状，然后把揿扁的部分切成"手指"，把中间的"手指"稍向下折一点，使两边的两个"手指"弹开成"佛手"状。把做好的"佛手"生坯摆入烤盘内，刷上鸡蛋液，备用。

3. 烤箱升温，上火 220℃，下火 200℃，将饼坯放入，烤约 15 分钟即可。

❖ 制作关键

1. 调制面团时，两块面团的软硬程度要一致，注意皮面和酥面的比例。

2. 擀制时，用力均匀适当，卷条时要卷紧。

3. 包馅时，应包在正中间，收口收严。

4. 注意烘烤温度。

❖ 风味特色

形态美观，皮酥馅软，香酥适口。

❖ 相关面点

眉毛酥等。

荷花酥

杭州小吃荷花酥，酥层清晰，食之酥松香甜，别有风味。"出淤泥而不染"是人们对荷花高雅洁丽品质的赞誉，用油酥面制成的荷花酥，形似荷花，酥层清晰，观之形美动人，食之酥松香甜，别有风味，是宴席上常用的一种花式中点，给人以美的享受。

❖ 原料

面粉 1000 克、猪油 400 克、白糖 40 克、温水 200 克、豆沙馅 1500 克、色拉油 1000 克

❖ 工艺流程

调制面团(皮面、酥面)→开酥→包馅→成型→油炸

❖ 制作流程

1.面粉 500 克放在案板上,开窝,加入猪油(200 克)、白糖,加入温水,将水、油、糖搅匀后,调成光滑的面团。另将面粉 500 克放在案板上,开窝,加入剩余猪油,拌匀后,反复推擦成团。

2.将水油面揉透,干油酥擦匀,以水油面与干油酥 3∶2 的比例分别下剂,用水油面包干油酥,收口按扁,擀成长方形,向中间三折,再擀成长方形,向中间三折,擀成厚薄均匀的酥皮,用圆模切成圆形坯皮,将馅心放在坯皮中心,收口捏紧,收口朝下,做成灯泡形,用刀片在顶端向四周均匀剖切成相等的六瓣,成荷花酥生坯。

3.炒勺上火,将色拉油烧至四成热时,把荷花酥生坯下入,待其浮起,待酥起花时,即用中火炸熟(需保持白色),即成荷花酥。

❖ 操作要点

1.调制面团时,两块面团的软硬程度要一致,注意皮面和酥面的比例。

2.擀制时,用力均匀适当,卷条时要卷紧。

3.包馅时,应包在正中间,收口收严。

4.注意烘烤温度。

❖ 风味特色

形似荷花,层次清晰,口感油润酥脆。

❖ 相关面点

鸳鸯酥、酥盒等。

腰鼓酥

❖ 原料

面粉1000克、猪油400克、白糖40克、温水200克、豆沙馅2800克

❖ 工艺流程

调制面团（皮面、酥面）→开酥→包馅→成型→油炸

❖ 制作流程

1.面粉500克放在案板上，开窝，加入猪油、白糖，加入温水，将水、油、糖搅匀后，调成光滑的面团。

2.另将面粉500克放在案板上，开窝，加入剩余猪油，拌匀后，反复推擦成团。

3.将水油面揉透，干油酥擦匀，以水油面与干油酥3∶2的比例分别下剂，用皮面包入酥面，擀开折叠三层，再擀开，折叠三折后再擀开，切成若干所需大小的面片，然后将面片叠在一起，成厚五六厘米的面块，由右端用快刀切下所需厚薄的剂子，刀切面向上，用擀棒顺直酥条纹擀开，刷上蛋液，将馅心放在面皮中间，顺着直酥的条纹卷起，做成腰鼓形即可。

4.炒勺上火，将色拉油烧至四成热时，把灯笼酥生坯下入，待其浮起，待起酥时，改用中火炸熟（需保持白色），即成腰鼓酥。

❖ 操作要点

1.调制面团时，两块面团的软硬程度要一致，注意皮面和酥面的比例。

2.擀制时，用力均匀适当，卷条时要卷紧。

3.包馅时，应包在正中间，收口收严。

4.注意烘烤温度。

❖ 风味特色

层次清晰，口感油润酥脆。

❖ 相关面点

核桃酥、枇杷酥等。

擘酥鸡粒角

❖ 原料

中筋粉500克、黄油500克、全蛋125克、水150克、白糖35克、鸡粒馅400克

❖ 工艺流程

调制面团（皮面、酥面）→冷冻→开酥→成型→烘烤

❖ 制作流程

1.取面粉300克放于案板上，中间扒一坑塘，加入白糖、蛋液75克、清水搅拌

至糖溶化,与面粉一起揉和成面团成水皮,放在平底盘的一边,剩余的黄油与面粉擦成面团或酥面,放于平底盘的另一边,盖上湿布冷冻2小时。

2.将酥面用通心槌擀薄皮,将水皮擀成与酥面一样大小的薄皮,放于酥面上放正,擀压日字形,将两端向中间折,折成四折,再放入冰箱里冷冻。冷冻后再擀压成日字形,按此做法作第二次、第三次擀皮,折皮成擘酥皮,放入冰箱备用。

3.将鸡粒馅分成26份,将擘酥皮擀薄,用印模刻出酥皮26块。

4.每块酥皮包入鸡粒馅1份,捏成角形,排放在烤盘上在酥角表面涂上蛋液。

5.放入200℃的烤箱中烘烤20分钟,装盘。

❖ 制作关键

1.把握用料比例,控制冷冻时间。

2.油面和水面硬度要一致。

3.制作时采用擀、敲、压相结合的方式,落槌要轻,擀制时用力要均匀。

❖ 风味特色

色泽金黄,甘香酥化,层次分明。

❖ 相关面点

牛肉咖喱饺等。

果酱千层酥

❖ 原料

面粉650克、黄油500克、白糖50克、盐2克、水200克、蛋液100克、果酱200克

❖ 工艺流程

调制面团(皮面、酥面)→冷冻→开酥→成型→烘烤

❖ 制作流程

1.黄油500克中,掺入面粉150克,拌和擦制均匀,压成板形,放入特制器具内(铁箱),加盖密封,放入冰箱内,冷冻4~6小时后,冷冻至油脂发硬,成为硬中带软的结实板块状,即为油酥面。

2.面粉500克倒在案上,中间扒一坑塘,将蛋液100克、白糖50克、盐2克、清水200克放入调匀,再与面粉搅拌均匀,用力揉搓,揉至面团光滑上劲为止,放入铁箱中,加盖密封,入冰箱冷冻即成。

3.将冻硬的酥面平放在案板上,用通心槌擀压、平压等。再取出水面,也擀压成油面酥面大小相同的长方形块,放在酥面上,对正。用通心槌擀压成日字形,将两头向中间折入,轻轻压平,叠成四层,再擀成长方形。在第一次折叠的基础上,再用通心槌压成日字形,同上述一样第二次折叠。依此再进行第三次折叠,擀成

长方形,放入铁箱冷冻半小时即可。

4.做好的酥皮打开,用模具切出圆形,每两片为一组,其中一片中间切出一个圆孔,这样上面的一片中间是空的,可装入果酱;下面的一片上刷些蛋液,放上切孔的面片,使两层面片粘住,表面再刷蛋液。

5.烤箱预热200℃,烤约18分钟;出炉后在中间挤上果酱。

❖ 制作关键

1.掌握用料比例,控制冷冻时间。

2.酥面和水面硬度要一致。

3.操作时采用擀、敲、压相结合的方式,落槌要轻,擀制时用力要均匀。

❖ 风味特色

色泽金黄,甘香酥化,层次分明。

❖ 相关面点

牛角酥等。

蛋挞

❖ 原料

面粉650克、黄油500克、白糖150克、盐2克、水600克、蛋液300克、吉士粉10克、奶粉20克、淀粉20克

❖ 工艺流程

调制面团(皮面、酥面)→冷冻→开酥→成型→烘烤

❖ 制作流程

1.黄油500克中掺入面粉150克,拌和擦制均匀,压成板形,放入特制器具内(铁箱),加盖密封,放入冰箱内,冷冻4~6小时后,冷冻至油脂发硬,成为硬中带软的结实板块状,即为油酥面。

2.面粉500克到在案板上,中间扒一坑塘,将蛋液100克、白糖50克、盐2克、清水200克放入调匀,再与面粉搅拌均匀,用力揉搓,揉至面团光滑上劲为止,放入铁箱中,加盖密封,入冰箱冷冻即成。

3.将冻硬的酥面平放在案板上,用通心槌擀压、平压等。再取出水面,也擀压成油面酥面大小相同的长方形块,放在酥面上,对正。用通心槌擀压成日字形,将两头向中间折入,轻轻压平,叠成四层,再擀成长方形。在第一次折叠的基础上,再用通心槌压成日字形,同上述一样第二次折叠。依此再进行第三次折叠,擀成长方形,放入铁箱冷冻半小时即可。

4.水放入锅内烧开,加入白糖煮至糖溶化,加入淀粉水,烧开即可离火,凉凉待用。糖水中加入吉士粉、奶粉调匀,鸡蛋打散放入糖水内搅匀待用。

5.做好的酥皮打开,用模具切出圆形,装入塔模内,捏成塔模形状,装上蛋塔液,七八分满。

6.烤箱预热220℃,烤约18分钟。

❀ 制作关键

1.掌握用料比例,控制冷冻时间。

2.酥面和水面硬度要一致。

3.操作时采用擀、敲、压相结合的方式,落槌要轻,擀制时用力要均匀。

❀ 风味特色

色泽金黄,甘香酥化,奶香浓郁,外酥里嫩。

❀ 相关面点

核桃酥盒等。

六、单酥面团

单酥类面团又称酥面团,其制品是由一块面团制作而成。根据制作方法的不同,单酥面团又可分为浆皮类和混酥类等,成品不分层,但有一定的酥性。有的还具有一定的膨松性。

(一)浆皮类面团的调制方法

浆皮类面团又称提浆面团,是以面粉、油脂、糖浆等为主要原料调制而成的面团,具有可塑性好、口感松软、质地细腻的特点。主要的目的是使面筋吸水缓慢而使面团调制均匀。采用这种方法制作的品种也较多,代表品种有广式月饼、京式提浆饼、鸡子饼、豆沙卷等。具有外表棕黄有光,饼类表面多有纹印,质松软或松酥的特点。有些品种表面光泽因涂蛋液所形成。吸潮后易发生霉点,保管时要防止潮湿空气侵袭,平时勤加检查。

❀ 原料

面粉、油脂、白糖、柠檬酸、水、碱水等

❀ 工艺流程

白糖加水熬化→加柠檬酸→糖浆+碱水+油脂→乳浊液+面粉→搅拌均匀→揉制成团

❀ 调制方法

1.将白糖放入锅中加水,置于火上溶化,熬成糖浆。

2.加入柠檬酸搅匀。加入碱水搅拌,再加入油脂,充分搅拌使之成乳浊液。

3.面粉过筛置于案板上,中间扒一坑塘,倒入糖油乳化液搅拌均匀,揉搓成光洁的面团。

❖ 调制要点

1.熬制糖浆的方法要得当,不同的品种对糖浆要求不同,熬制糖浆的原料和方法都有差别,糖浆的浓度也要恰当,糖浆过稀则糖分不足,调制面团时易生筋;糖浆过稠时则面团发硬,成型时易裂口。

2.控制好面团的硬度。面团的硬度可通过调制面团时分次加粉来调节,一般与馅心的硬度相一致。

3.掌握好面团的调制方法。糖浆一般首先与碱水充分混合,再与油脂充分搅拌乳化。若搅拌时间过短,乳化不足,则调出的面团内部性能不一。拌面程度及面团放置时间也要恰当,多拌或面团放置时间过长,则面团易生筋。

(二)混酥类面团的调制方法

混酥类面团是由面粉、油脂、白糖、鸡蛋、乳品、水及适量的膨松剂等调制而成的面团。混酥面团的食品具有成型方便,制品成熟后无层次、质地酥脆的特点。

调制混酥面团,必须具备蛋、水、油(乳)等物料。这些物料中的蛋、乳含有磷脂,磷脂是良好的乳化剂。它可以促进面团中油水乳化。乳化越充分,油脂微粒或水微粒就越细小。这些细小的微粒分散在面团中,就很大程度地限制了面筋网络的大量生成。这就使混酥面团具有细腻柔软的性质了。面团内加了大量的油脂,油脂在反复拌、擦时,存有大量的空气,这些空气也随着油脂搅进了面团中,待成型的坯料在加热中遇到高度热能后,面团内的空气就要膨胀。另外,混酥面团用的油量大,面团的吸水率就低。因为水是形成面团面筋网络条件之一,面团缺水严重,面筋生成量就降低了。面团的面筋量越低,制品就越松酥。同时,油脂中的脂肪酸饱和程度也和成品的酥松性有关。油脂中饱和脂肪酸越高,结合空气的能力越大,面团的起酥就越好。

❖ 原料

面粉、油脂、白糖、乳品、鸡蛋、水、膨松剂等

❖ 工艺流程

面粉 + 膨松剂过筛 → 油+糖+蛋搅拌均匀 → 拌、擦或叠匀成团

❖ 调制方法

将面粉与膨松剂拌匀过筛置于案板上,中间扒一坑塘,加入油、糖、鸡蛋等原料,将这些原料搅成均匀的乳浊液后,与面粉等拌成雪花状后再采用堆叠的方法将松散的料变成软硬适合的面团。

❖ 调制要点

1.油、糖、蛋要先搅匀乳化后才能拌粉,防止所加入的原料分布不匀,影响面团质量。

2.调制及放置面团的时间不宜过长,否则会生筋,影响面团的酥性。

3.调制面团的温度及软硬度要适宜,面团用油量越大,温度要求越低,一般在20℃～30℃为宜。面团过软,制作不易保持形态;面团过硬,则其制品口感不够酥松。若需加水,要一次加足,不宜在面团调制过程中再加水。

混酥类面团主要用于杏仁酥、开口笑、甘露酥等品种。

实 例

杏仁酥

❈ 原料

面粉 500 克、熟猪油 250 克、杏仁 12 瓣、糖桂花少许、鸡蛋 1 只、糖粉 250 克、小苏打 10 克

❈ 工艺流程

面粉 + 膨松剂过筛→油+糖+蛋搅拌均匀→拌、擦或叠匀成团→成型→烘烤

❈ 制作流程

1.将面粉过筛,中间扒一坑塘,把糖粉加入,打入蛋液,擦成乳白色时加糖桂花、小苏打和熟猪油,充分搅拌乳化后加入面粉,叠成软硬适宜的酥性面团。

2.将酥性面团下成 12 只面剂,做成直径 9 厘米、高 1.4 厘米的圆饼,中间戳一洞,放入一瓣杏仁,置于烤盘中。

3.放 180℃的烤箱中烘烤 15 分钟,装盘。

❈ 制作关键

1.油、糖、蛋要先搅匀乳化后才能拌粉,防止所加入的原料分布不均匀,影响面团质量。

2.调制及放置面团的时间不宜过长,否则会生筋,影响面团的酥性。

❈ 风味特色

色泽金黄,香酥可口。

❈ 相关面点

果酱酥、花生酥等。

绿茶酥

❈ 原料

奶油 630 克、砂糖 750 克、臭粉 15 克、泡打粉 20 克、全蛋 300 克、低筋粉 1000 克、瓜子仁粉 180 克、绿茶粉 80 克,瓜子仁适量、清水少许

❈ 工艺流程

面粉 + 膨松剂过筛→油+糖+蛋搅拌均匀→拌、擦或叠匀成团→成型→烘烤

❖ 制作过程

1.将奶油、砂糖搓溶,再分次加入全蛋搓匀,加入混合过筛的低筋粉、臭粉、泡打粉、瓜子仁粉、绿茶粉调成面团。

2.将面团搓成直径2厘米的长条状,切成小块。搓圆,中间压出窝状,在表面扫上清水,蘸上瓜子仁。

3.烘烤:上火160℃,下火150℃,烤约25～30分钟。

❖ 制作关键

1.搅拌时注意搅拌速度。

2.烘烤时间不宜太长。

❖ 风味特色

酥脆爽口,色泽金黄。

❖ 相关面点

奶油酥、甜薄脆等。

蛋黄莲蓉月饼

❖ 原料

面粉500克、糖浆375克、花生油13克、碱面15克、鸡蛋100克、莲蓉馅1500克、咸蛋黄20只

❖ 工艺流程

糖浆+碱水+油脂→加入面粉→抄拌均匀→揉制成团→包馅→成型→成熟

❖ 制作流程

1.将面粉过筛后放于案板上,中间扒一坑塘,加入糖浆350克、花生油、碱面搅拌均匀,调入面粉,揉成面团,饧发20分钟,剩余的糖浆与蛋液拌匀。

2.把莲蓉馅分成20份,每份包上1只蛋黄待用。

3.将饧好的面团分成20只面剂,每只面剂按扁后包入莲蓉蛋黄馅成圆形,收口处朝上放入模具中压成型,扣出,放入烤盘中。

4.放进240℃～250℃的烤箱中烤约6分钟。

5.趁热刷上一层糖浆、蛋液混合的浆。

❖ 制作关键

1.控制好面团的硬度。面团的硬度可通过调制面团时分次加粉来调节,一般与馅心的硬度相一致。

2.掌握好面团的调制方法。糖浆一般首先与碱水充分混合,再与油脂充分搅拌乳化。若搅拌时间过短,乳化不足,则调出的面团内部性能不一。拌面程度及面团放置时间也要恰当,多拌面或面团放置时间过长,则面团易生筋。

❖ 风味特色

花纹清晰,金黄油润,入口软滑,有浓厚的莲子、蛋黄香味。

❖ 相关面点

五仁月饼、莲蓉月饼等。

第四节　米粉面团

米粉面团，就是指用由米磨成的粉与水及其他辅料调制而成的面团，俗称"粉团"。由于米的种类比较多，如糯米、粳米、籼米等，因此可以调制出不同的米粉面团。调制米粉面团的粉料一般可分为干磨粉、湿磨粉、水磨粉。水磨粉多数用糯米，掺入少量的粳米制成，粉质比湿磨粉、干磨粉更为细腻，吃口更为滑润。不同的米粉由于其特征不同，调制出的面团的性质也不一样。

一、糕类粉团

糕类粉团是由糯米粉、粳米粉或籼米粉加水、糖等拌制或加热揉揿而成的粉团，可分为黏质糕粉团、松质糕粉团和加工粉团三种。

(一)黏质糕粉团的调制方法

黏质糕粉团一般是先成熟后成型，原料大多为细糯米粉、粳米粉拌匀，在蒸熟后经过揉揿工序，使成熟糕粉黏合在一起。成品具有韧性大、入口软糯的特点。

❖ 原料

糯米粉、粳米粉、糖(或盐)、水

❖ 工艺流程

糯米粉＋粳米粉→拌粉→掺水(可加糖或盐)→静置→夹粉→蒸制→揉揿→黏质糕粉团

❖ 调制方法

根据制品要求，称取一定量的糯米粉和粳米粉拌和均匀，掺入适量的清水、白糖或盐，使糕粉达到"拢则成团，散则似沙"的效果。静置一段时间，使粉粒吸收调料和水分，然后进行夹粉(过筛、搓散的过程称之为夹粉)，将粉团筛散。放入蒸桶(或箱、笼)中蒸制成熟，倒在铺有洁布的案板上，双手抓住布角将熟粉揉揿成光滑的粉团。

❖ 调制要点

1.配料要准确。糯米粉和粳米粉的用量必须根据制品要求而定；掺水量要根据米粉品种及加工方法、生产季节而有所不同；用糖越多，掺水量越少。

2.加工方法要得当。拌粉要均匀；糕粉静置的时间主要由粉质和季节来控制，如冬季需静置8～10小时；春秋季3～4小时；夏季仅需2小时；在蒸制前必须先夹粉，否则糕粉结团不易蒸熟；蒸制时糕粉需逐渐加入，因为若一次加足，不易蒸透；

揉揿时必须趁热进行。

3.黏质糕把粉粒拌和成糕粉后,先蒸制成熟,再揉透(或倒入搅拌机打透打匀)成团块,即成黏质糕粉团。

黏质糕粉团主要适合制作桂花白糖年糕、玫瑰百果蜜糕、卷心糕、马蹄糕等黏质糕制品。

(二)松质糕粉团的调制方法

松质糕粉团一般是先成型后成熟,制作时将粉放入特制的模具内成型,再蒸熟。松质糕大都以粗糯米粉、粳米粉配粉,韧性小,入口松软。

❖ 原料

糯米粉、粳米粉、白糖(或盐)、水

❖ 工艺流程

糯米粉+粳米粉→拌粉→掺水(可加糖或盐)→静置→夹粉→松质糕粉团

❖ 调制方法

将糯米粉和粳米粉按比例拌和在一起,搅拌成粉粒,静置一段时间,然后进行夹粉(过筛),再倒入或筛入各类模型中蒸制而成松质糕。松质糕粉团的配粉、拌粉、掺水、静置、夹粉的程序与黏质糕粉团相同,只不过形成的是松散的粉团,再经过入模成型、蒸制成熟即可制成成品。

松质糕粉团主要用于制作五色小圆松糕、定胜糕、黄松糕等松质糕制品。

(三)加工粉团的调制方法

加工粉团也称潮州粉团,是将糯米经过特殊加工制成的粉(称为糕粉或潮州粉),加水调制而成的粉团。其特点是软滑而带韧性,主要运用广式点心,如制作水糕皮等。

将糯米先浸泡一段时间,再滤干,用小火,将糯米煸炒至水分蒸发,米发脆时,取出放凉,磨制成粉,粉粒松散,一般呈洁白色,吸水力大,遇水即粘连。加水调制成粉团。具有雪白醇香、光洁柔润、精细润滑、入口即化、营养丰富等特点。

适宜制作灯芯糕、如意糕、切片糕、麻香糕、桃片糕、云片糕、清凉糕、老婆饼、月饼馅料等各类传统糕点。

二、团类粉团

(一)团类粉团的概念

团类粉团是指糯米粉和粳米粉按一定的比例掺和后,加水并采用适当的调制方法制作而成的粉团。根据制品成型时坯样的生熟不同,可将团类粉团分成生粉团和熟粉团两种。生粉团一般是先成型再经过加热而成熟。熟粉团一般是先成熟，再包馅成型。

(二)粉团的调制方法及运用

1.生粉团的调制方法及运用

生粉团便是先成型后成熟的粉团。用少量粉先用沸水烫熟或煮成芡，再掺入大部分生粉料，调拌成块团或揉搓成块团，再制皮，捏成团子，如各式汤圆。其特色是可包较多的馅心，皮薄、馅多、黏糯，吃口滑润。主要有沸水粉芡拌制(泡心法)和粉芡拌制(煮芡法)两种。

❈ 原料

糯米粉、粳米粉、(沸)水等

❈ 工艺流程

泡心法：糯米粉＋粳米粉→拌粉→沸水烫制→冷水和面→揉制成团

煮芡法：糯米粉＋粳米粉→拌粉→1/3粉加工揉成饼状→煮制成熟→加入余下2/3粉→揉制成团。

❈ 调制方法

泡心法：适用于干磨粉和湿磨粉。将按一定比例配好的米粉放于案板上拌匀，中间扒一坑塘，冲入一定量的沸水，将中间约1/3的米粉搅拌成厚浆，与其余的米粉拌和，反复揉擦成雪花状后再加凉水揉成光滑的粉团。

煮芡法：将按一定比例配好的米粉放于案板上拌匀，取其中约1/3的米粉加凉水揉成饼状，放入沸水锅中煮至浮出水面，再用小火煮5分钟，然后与剩余的米粉一起揉拌成光滑的粉团。

❈ 调制要点

首先，泡心法中冲入的沸水的量要恰当。若沸水过少，调成的粉团黏性低、松散、表面裂口；若沸水过多，调成的粉团黏性过高。粘手不便操作。其次，煮芡法中，熟芡的制作是关键，调制"饼"时如加水过多，下锅后会散；"饼"必须沸水下锅，浮起后需用小火煮5分钟。

生粉团主要用于鲜肉团、粢毛团、船点、艺术糕团等的制作。

2.熟粉团的调制方法及运用

熟粉团是将按制品要求配制的粉，经过拌粉、掺水、静置、夹粉、蒸熟后揉揿成团，再搓条、下剂、包馅、成型的粉团。熟粉团的调制方法为熟白粉拌制，其制品程序与黏质糕粉团相同。其制品特点是软糯、有黏性。

❈ 原料

糯米粉、粳米粉、清水等

❈ 工艺流程

拌粉→掺水→静置→夹粉→蒸制→揉揿→熟粉团

❖ 制作方法

将配好的粉料拌匀,加清水拌成糕粉,静置一段时间后,将糕粉筛入蒸桶中蒸制,成熟后揉揿成团。

熟粉团主要用于双馅团、掺沙团子等的制作。

三、发酵类米粉团

发酵类米粉团是用籼米粉、面肥、水、白糖等调制,经过保温发酵而制成的面团。在广式点心中较为常见。此类面团也具有发酵面团的特征,内有细密孔洞,膨大松软,有酒香味。制作成品时需要兑碱。

调制方法是用籼米粉粉浆的 1/10 加水调成稀糊蒸熟,凉凉后加入其余部分的籼米粉粉浆拌匀,再加入面肥、水调搅均匀,放于温暖处发酵。冬天发酵时间为 10~12 小时,夏天则为 6~8 小时,发酵后再加入白糖溶化,放入发酵粉和碱水拌匀兑正,即可制作发酵类米粉团制品。

常见的用此种面团制作的品种有棉花糕、黄松糕等。

实 例

花糕

❖ 原料

糯米粉 1200 克、粳米粉 800 克、白糖 720 克、清水 400 克、玫瑰酱、红曲米粉桂花适量

❖ 工艺流程

糯米粉+粳米粉→拌粉→掺水、糖→静置→夹粉→蒸制→揉揿→成型

❖ 制作流程

1. 取细糯米粉 600 克、粳米粉 400 克,置案板上抄拌均匀,中间扒一坑塘,加入白糖 360 克、玫瑰酱、红曲米粉继续抄拌均匀;再加入清水 200 克拌匀,过筛成糕粉。

2. 蒸桶内以竹箅垫底,桶壁抹上色拉油,先加入约 10 厘米厚的糕粉蒸至蒸汽透出糕粉时,将余粉陆续加入,直至加完,再续蒸 10 分钟取下。

3. 将熟糕粉倒在铺有洁布的案板上反复揉揿至光滑,成玫瑰味漱糖熟糕。

4. 用剩余的原料同法制成桂花味漱糖熟糕。

5. 将两块糕分别揿成 2 厘米厚的方块,相叠后揿平直,等量匀切成 40 块,面上撒上桂花即成。

❖ 制作关键

1. 配料要准确。

2. 加工方法要得当。

3. 蒸好糕米揉搓时,揉至无颗粒光滑为宜。

❖ 风味特色

红白相间,柔软相甜,入口细腻。

❖ 相关面点

年糕等。

桂花年糕

上海和浙江一带的著名糕团点心。创始于苏州,盛行于上海和浙江一带,是人们喜庆节日必备的礼物和食品。年糕有黄、白两种,即用白糖、熟猪油与桂花制成的,为白色,用红糖、熟猪油与桂花制成的为黄色。年糕的"糕"谐音是"高",传说大年初一吃了糕,寓意一年到头都高高兴兴、人往高处走等。

❖ 原料

糯米粉 500 克、大米粉 200 克、白糖 400 克、糖桂花 50 克、色拉油 20 克、清水适量

❖ 工艺流程

糯米粉＋粳米粉→拌粉→掺水、糖→静置→夹粉→蒸制→揉揿→成型

❖ 制作流程

1. 糯米粉、大米粉中加入白糖和适量的清水,拌成细粒状,静置数小时(夏天约 1.5 小时,冬天为 4 小时)。

2. 用漏勺筛出均匀的糕粉。

3. 蒸笼内先涂上一层油,然后放上糕粉,去盖蒸至糕粉变色,再加盖蒸 10 分钟,将糕粉倒在铺有洁净湿布的案板上,放上糖桂花,将糕粉反复揉和,然后切块装盘即成。

❖ 制作关键

1. 入笼蒸制时要用旺火沸水速蒸。

2. 蒸好糕米揉搓时,揉至无颗粒光滑为宜。

❖ 风味特色

香甜韧糯,桂花味浓郁。

❖ 相关面点

绍兴香糕等。

重阳糕

重阳节食用重阳糕，重阳节为每年九月初九，也叫敬老节，民间要蒸重阳糕孝敬老人。蒸重阳糕方法与蒸年糕相同，不过蒸糕要小一点，糕要薄一点。为了美观中吃，人们把重阳糕制成五颜六色，还要在糕面上撒上一些木樨花（故重阳糕又叫桂花糕），这样制成的重阳糕，香甜可口，人人爱吃。据汉代刘歆著《西京杂记》中叙述："九月九日，佩茱萸，食蓬饵，饮菊花茶，令人长寿。"蓬饵即蓬糕，重阳节食糕已经被重视。"糕"与"高"谐音，吃糕是为了取吉祥之意，因而才受到人们的青睐。

❖ 原料

糯米粉1000克、粳米粉500克、赤豆250克、白糖1000克、红绿果脯100克、红糖50克、豆油25克

❖ 工艺流程

糯米粉＋粳米粉→拌粉→掺水、糖→静置→夹粉→蒸制→揉揿→成型

❖ 制作流程

1.先将红绿果脯切成丝，将赤豆、白糖（250克）、豆油制成干豆沙，备用。

2.将糯米粉、粳米粉掺和，取150克拌入红糖，加水50克左右，拌成糊状粉浆。

3.将其余的粉拌上白糖（750克），加水250克后，拌和拌透。取糕屉，铺上清洁湿布，放入1/2糕粉刮平，将豆沙均匀地撒在上面，再把剩下的1/2的糕粉铺在豆沙上面刮平，随即用旺火沸水蒸。待汽透出面粉时，把糊状粉浆均匀地铺在上面，撒上红、绿果脯丝，再继续蒸至糕熟，即可离火。将糕取出，用刀切成菱形糕状，另用彩纸制成小旗，插在糕面上即成。

❖ 制作关键

1.入笼蒸制时要用旺火沸水速蒸。

2.加工方法要得当。

❖ 风味特色

柔软相甜，入口细腻

❖ 相关面点

枣切糕、鸡丝糕等。

猪油定胜糕

❖ 原料

糯米粉1200克、粳米粉800克、白糖720克、清水400克，玫瑰酱、红曲米粉适量，甜板油丁500克、干豆沙600克

❖ 工艺流程

糯米粉＋粳米粉→拌粉→掺水、糖→静置→夹粉→筛入模具→成熟

❖ 制作流程

1.将粗糯米粉、粳米粉放于案板上,中间扒一坑塘,加入白糖拌和,再洒入清水拌匀,静置6小时。

2.在静置后的糕粉中加入玫瑰酱、红曲米粉拌匀,拿出定胜糕模具一套;下面以糕板垫底,往模孔中加入糕粉至孔的一半,再放入干豆沙、甜板油丁,再用糕粉加满,刮平余粉后撒上松子仁。

3.另取底板盖在模具上,翻身,去掉糕模及糕板。

4.放入蒸箱足汽蒸约20分钟,装盘。

❖ 制作关键

1.配料要准确。

2.加工方法要得当。

❖ 风味特色

外形美观、松软香甜

❖ 相关面点

素宝胜糕、椒盐猪油糕。

鲜肉团

❖ 原料

糯米粉1200克、粳米粉800克、沸水400克、水100克、调制好鲜肉馅650克

❖ 工艺流程

拌粉→掺水→静置→搓条→下剂→成型→成熟

❖ 制作流程

1.将糯米粉、粳米粉置于案板上,中间扒一坑塘,加入沸水,抄拌成雪花状,加入清水揉制成米粉团。

2.将米粉团摘成剂子40只,揿扁后包入馅心,捏拢收口。整齐排放蒸笼内。

3.上蒸锅旺火沸水蒸约15分钟,取出装盘。

❖ 制作关键

沸水的量要恰当。

❖ 风味特色

色白软糯,馅心咸鲜多卤。

❖ 相关面点

粢毛团、南瓜团等。

青团

❖ 原料

糯米粉 2000 克、麦青汁 500 克（或艾草、浆麦草、马兰头等绿色食用植物）、豆沙 1000 克

❖ 工艺流程

制作青汁→趁热加入糯米粉＋白糖→成团→下剂→成型→成熟

❖ 制作流程

1.麦青加少量水，放入搅拌机，打成青汁；将青汁加少量盐，入锅中煮沸，以去涩味。

2.把青汁趁热混入糯米粉后揉成面团；将粉团和豆沙分成数量相等的小剂子。

3.将豆沙包入粉团中，搓圆，放入刷油或者垫粽叶的蒸屉中，蒸 20 分钟左右，至熟。

❖ 制作关键

1.如果没有麦青，也可用浆麦草、艾草、马兰头，也可以用其他绿色蔬菜代替，茼蒿、菠菜就是一个不错的选择。

2.揉面过程中，粉团如果很粘手，可以再加点糯米粉。

❖ 风味特色

碧青碧绿，糯韧绵软，独具青叶香味，清香爽口。

❖ 相关面点

桂粉汤团等。

冬菜粢毛团

❖ 原料

糯米粉 600 克、粳米粉 400 克、鲜肉 300 克、冬笋 500 克、葱末姜末各 10 克、糯米 800 克、黄酒 20 克、酱油 40 克、白糖 15 克、精盐 10 克、味精 10 克，水淀粉、香油适量

❖ 工艺流程

糯米粉＋粳米粉→拌粉→沸水烫制→冷水和面→揉制成团→成型→成熟

❖ 制作流程

1.鲜肉切丁、冬笋切丁；铁锅加油烧热后先投入葱姜末煸出香味，放入鲜肉丁、冬笋丁，加黄酒煸炒，再加酱油、精盐、味精、水焖烧一下勾芡，淋上香油出锅。

2.将糯米淘净，用清水浸泡 4～8 小时，捞出沥干水分。

3.将糯米粉和粳米粉拌和后，开窝，加入开水拌成雪花状，再洒上冷水揉搓成

团,揉到粉团光滑不粘手时,搓成条,摘成25克一只的坯子,捏成锅子状,然后放馅心,捏拢收口,搓成球状,外面滚上糯米,即成粢毛团生坯。

4.笼内铺上草垫,将生坯放入笼里,在沸水锅上用旺火蒸20分钟左右,出笼即成。

❖ 风味特色

米粒晶莹饱满,馅心咸鲜适口,入口软糯。

❖ 制作关键

糯米要用冷水泡透。

❖ 相关面点

青团、水晶团等。

棉花糕

❖ 原料

籼米1000克、白糖400克、发酵粉20克、面肥200克、鸡蛋清200克、清水500克,碱少许

❖ 工艺流程

选料→调糊→发酵→装模→蒸制

❖ 制作流程

1.将大米洗净(至水清不浑为止),用清水泡约2小时(天冷时适当延长),捞出沥干水分。

2.把泡透的大米磨成细浆,用200号的罗过一遍,使其细滑,然后装入布袋内压干水分,便成湿粉团。

3.取100克粉团加入100克清水搅匀成米浆,再取200克水倒入勺内上火烧开,将米浆倒入勺内搅匀,煮成熟糊,冷却备用。

4.将剩余的粉团、煮熟的米浆糊及面肥倒入盆内,添加200克清水,揉至软滑,静置发酵,即成糕肥。

5.将糕肥加入白糖搅匀,待糖溶化后加入少量碱液和发酵粉搅匀,最后将鸡蛋清打起倒入再搅匀,便成糕浆。

6.将糕浆注入小碗或小瓷酒杯(均抹油、撒薄面),上屉用大火蒸约10分钟便熟。

❖ 制作关键

掌握好发酵的温度和湿度。

❖ 风味特色

顶部开花,形若棉桃,松软香滑,米香浓郁。

❖ 相关面点

三色糯米糕等。

第五节 其他面团

其他面团是指除了以面粉和米粉为主料所调制的面团以外的以其他原料为主料所调制的面团的总称。其他原料是指澄粉、杂粮、豆类、蔬菜类、果品类、鱼虾蓉等。

这类面团的范围很广，种类繁多。其中包括面粉、米粉的特殊加工以及杂粮（小米、玉米、高粱等）、薯类、豆类、菜类、果类、蛋类、鱼虾类等加工的面团。除此以外，还有果冻、果羹等。其制品具有独特的风味和特色。

一、澄粉面团

将面粉经过特殊加工提取出的淀粉叫澄粉，用沸水将澄粉烫熟以后揉制而成的面团叫澄粉面团。它在广式点心中用得较多，常用于制作精细点心，如广东的虾饺等，其制品具有色泽洁白、呈半透明状、细腻柔软口感嫩滑、入口即化的特点。

澄粉面团的调制方法是：将澄粉放入不锈钢盆中，水中加入盐烧沸后冲入澄粉中，迅速搅拌均匀，加盖焖5分钟，然后倒入拌有色拉油的案板上，加入生粉揉成光滑均匀的面团。

澄粉面团的调制要领主要有：

1.必须用沸水烫制。开水烫完后，焖制5分钟，使粉受热均匀，淀粉颗粒进一步糊化膨胀，增加面团的弹性，产生透明感。

2.调制澄粉面坯要烫熟，否则面坯不爽，难以操作。同时蒸后成品不爽口，会出现粘牙现象。

3.澄粉烫好后，面团要反复不停揉搓，至表面光滑，均匀不夹带粉状颗粒。

4.澄粉面坯搓揉光滑后，需趁热盖上半潮湿洁净的白布（或在面坯的表面刷上一层油）保持水分，以免风干结皮。

5.正确掌握掺水比例，水要一次性加足，不可二次补水。

澄粉面团在广式点心中用得较多，如制作虾饺、奶黄水晶花、娥姐粉果等，现在也用于制作船点。另外，根茎类、果品类面团的调制，也常需加入澄粉面团。

二、杂粮面团

杂粮面团是将杂粮如玉米、高粱、荞麦、莜面、小米等加工成粉，采用适当的调制方法调制而成的面团。有的面团直接用杂粮粉加水调制而成，有的则需用杂粮粉与面粉、豆粉或米粉等掺和再调制成面团。

杂粮面团常见于制作有地方特色的品种，如："小窝头""荞面枣儿角""芝麻荞圆""莜面栲栳""玉米面丝糕""荞面煎饼""黄米糕""小米煎饼""黄米粽""高粱团"等。

杂粮面团注意事项有以下几点。

1.掌握正确的用料比例。调制杂粮面团时，如果是用单纯的杂粮，由于杂粮较粗糙，其吃口不好。另外，杂粮的持气性能也较差，不容易保持面团内部的气体。若使用杂粮来制作发酵制品，其效果较差。有时需要加入一定数量的面粉来改善面团的质感。但要正确掌握其用料的比例，否则不能形成杂粮制品的风味特色。

2.控制好面团的调制温度。使用杂粮来调制面团，有时需要使用冷水，使面团具有一定的松散性，成品脆性；有时需要使用温水，特别是用杂粮来制作发酵制品时，更要控制好面团的温度，使面团的温度有利于发酵。

3.使用新鲜的杂粮。使用新鲜的杂粮粉料制出的成品，才能保证制品松软味香。若杂粮不新鲜，则失去其固有的风味特色。

三、豆类面团

豆类面团就是将各种豆加工成粉或泥，经过调制而形成的面团。它具有豆香浓郁、色彩自然的特点。调制时应根据原料的特点和成品的要求，灵活掌握掺入其他粉的数量，控制面团的软硬度和黏度，突出豆类自身的特殊风味。

常见的品种有"豌豆黄""南国红豆糕""绿豆糕""芸豆饼""扁豆糕""豇豆糕"等。

四、蔬果类面团

它是指以根茎类的蔬菜和水果、干果仁和糖制果制品为主要原料，这些原料经过加工形成泥与面粉、糯米粉或澄粉等调制而成的面团。主要原料有：胡萝卜、豌豆、莲子、栗子等。果蔬类面坯制作的点心都具有主要原料本身特有的滋味和天然色泽，一般甜点热食软糯，凉食爽脆，咸点松软、鲜香、味浓。常见的品种有"莲蓉卷""栗蓉糕""黄桂柿子饼""山楂奶皮卷"等。

1.蔬果类面团的工艺方法

将原料去皮煮熟或蒸熟，压烂成泥，过罗，再加入糯米粉或生粉、澄粉（下料标准因原料、点心品种不同而异）和匀，再加入大油和其他调料，咸点可加盐、味精、胡椒粉；甜点可加糖、桂花酱、可可粉。将所有原料混合后，有些需要蒸熟，有些需要烫热，还有些可直接调成面坯。

2.蔬果类面团调制工艺注意事项

（1）由于蔬果类原料本身含水量有差异，因而面坯掺粉的比例必须根据蔬果原料的具体情况酌情掌握。

（2）掺粉前，蔬果类原料压烂成泥，且一定要过罗，以保证面坯细腻光滑。

五、薯类粉团

薯类面皮是以含淀粉较多的薯类干粉为原料，掺入适当的其他的淀粉物质和辅料制成的面坯。薯类面坯无弹性、韧性，衍生性小，可塑性强，但流散性大。薯类面坯制作的点心，成品松软香嫩，具有薯类特殊的味道。

1.薯类粉团的制作工艺方法

将薯类去皮，蒸熟，压烂，去筋，趁热加入添加物（米粉、面粉、糖、油等）揉搓均匀即成。制作点心时，一般以手按皮或捏皮，包入馅心，成熟时或蒸或炸。炸制时，以包裹蛋液为好。

2.薯类粉团制作工艺注意事项

（1）蒸薯类原料时间不宜过长，蒸熟即可，以防止吸水过多，使薯蓉太稀，难以操作。

（2）糖和米粉需趁热掺入薯蓉中，随后加入猪油，折叠即可。

3.薯类面坯主要原料

（1）马铃薯。亦称土豆、洋山芋。性质软糯、细腻。去皮煮熟捣成泥后，可单独制作煎炸类点心，也可与米粉、熟澄粉掺和，制成薯蓉饼、薯蓉卷、薯蓉蛋，以及各类象形水果，如象生梨等。

（2）荸荠。亦称地栗、马蹄。爽脆透明，软滑而带有黏性。可制作马蹄糕、芝麻糕。也可煮熟去皮，捣成泥后与淀粉、面粉、米粉掺和，制作各种点心。

（3）甘薯。可烧煮，作粮食或蔬菜，可加工食品，如法式冻炸条、炸片，淀粉以及花样繁多的糕点、蛋卷等。

六、鱼虾蓉面团

鱼虾蓉面团主要是指净鱼肉、虾肉馅加工成蓉，放入干净的盆内，加盐，分次逐渐加水用力挞透搅拌，直至发黏起胶，再加入其他调味品，如味精、胡椒粉、麻油，最后加入生粉，搅拌成坯。制作点心时，蘸少量淀粉，压薄成皮，包馅熟制即可。其成品具有爽滑、口味鲜爽的特点，在广式点心中用得较多。常见的品种有"鱼皮鸡粒角""百花虾皮甫""汤泡虾蓉角""冬笋明虾盒"等。

鱼虾蓉面团的制作注意事项

1.鱼、虾肉必须新鲜。

2.鱼肉必须要去尽血筋漂去血污,虾仁必须去尽背部虾线。
3.搅拌时要先放盐用力反复摔打至发黏起胶。

实 例

虾饺

❖ 原料

澄粉 500 克、生粉 100 克、盐 5 克、水 850 克、猪油适量、鲜虾肉 500 克、肥猪肉 150 克、蛋清 20 克、白糖 5 克、味精 5 克

❖ 工艺流程

水烧开→加入生粉→拌均匀→焖制→揉制成团
鲜虾洗净斩成蓉→肥肉切粒→搅拌成馅 }→成型→成熟

❖ 制作流程

1.清水放入锅内烧开,改为小火,加入盐,倒入澄粉和生粉搅拌均匀,加盖焖几分钟,倒在案上,揉至光滑,加入猪油揉匀即可。

2.鲜虾肉洗净,吸干水分,用刀背砸成蓉,加入盐,搅拌至起胶,肥猪肉切成细粒,放入虾胶内,加入蛋清、白糖、盐、味精,拌匀,放入冰箱冷藏,备用。

3.将和好的面团揉均匀,下剂,用拍皮刀压成直径 8 厘米的圆形面皮,左手拿做好的虾饺皮,包入馅心,推捏成弯梳状的饺子形。

4.将加工好的生坯放入笼内用旺火蒸 5 分钟左右出笼即可食用。

❖ 制作关键

1.调制面团时,生粉和澄粉要用开水烫匀,掌握加水量。
2.馅心的水分和黏性要合适,放入冰箱冷冻后便于包捏。

❖ 风味特色

色泽洁白,馅心鲜嫩,形态美观。

❖ 相关面点

白菜饺、知了饺等。

玉米面丝糕

❖ 原料

面粉 400 克、水 300 克、玉米粉 100 克、老酵面 50 克、红枣 125 克、食碱少许

❖ 工艺流程

玉米粉+面粉→加入碱揉透→加入红枣→蒸熟→切块

❖ 制作过程

1.把红枣洗净放入碗内,加适量清水,上笼蒸熟,沥去水分待用。

2.用 300 克清水把老酵面调开,加入玉米面、面粉和成面团,待发酵后加入少许碱揉透。

3.取笼 1 只,铺上湿布,将面团放入笼内,放入枣用手抹平(厚约 2 厘米)。

4.上蒸锅足汽蒸 20 分钟,取出放于案板上,改刀成菱形块。

❖ 制作关键

1.注意玉米粉和面粉的比例。

2.掌握面团的发酵时间。

❖ 风味特点

色泽金黄,膨松暄软,香味浓郁。

❖ 相关面点

发糕等。

红薯面窝窝头

❖ 原料

面粉 400 克、水 500 克、红薯粉 400 克、糯米粉 100 克、白糖 200 克

❖ 工艺流程

红薯粉+面粉+糯米粉→加入白糖→加入水→成团→成型→蒸熟

❖ 制作过程

1.将红薯粉、面粉和糯米粉掺和均匀,加入白糖,加入开水调和成团。

2.把面团揉透搓条,下剂 25 克,揉圆后,做成上尖下圆宝塔形,底部有洞的形状,即为生坯。

3.将生坯放入笼内,足汽蒸 10 分钟,即可食用。

❖ 制作关键

注意红薯粉和面粉的比例。

❖ 风味特点

香味浓郁,软糯香甜。

❖ 相关面点

玉米面窝窝头。

豌豆黄

❖ 原料

白豌豆 500 克、白糖 250 克、红枣 75 克、食用碱面 1 克

❖ 工艺流程

白豌豆去皮碾碎 ＋ 红枣煮烂→加水煮成豌豆泥→加入白糖→凉凉

❖ 制作流程：

1.把白豌豆去皮碾碎;红枣洗净煮烂制成枣汁待用。

2.铝锅放于火上，加入1500克水，放入白豌豆渣、碱面，烧开后小火煮1.5小时成稀糊状，过筛制成白豌豆泥。

3.铝锅上火，将豌豆泥、白糖，红枣汁倒入锅中翻炒至起稠，倒入不锈钢盘中凉凉，上面盖上干净湿布放入冰箱，吃时用刀切成小方块或菱形块，装盘即可。

❖ 风味特色

色泽淡黄，甜凉，细腻，入口即化。

❖ 制作关键

白碗豆要煮至熟透。

❖ 相关面点

绿豆糕、红豆糕等。

桂林马蹄糕

❖ 原料

一级马蹄粉250克、白糖500克、马蹄100克、清水1375克、色拉油5克

❖ 工艺流程

马蹄粉调浆→加入糖水→煮沸→加入马蹄肉→蒸熟

❖ 制作流程

1.将马蹄切成小粒，把马蹄粉倒在不锈钢盆中，加清水500克。搅拌至溶化，用细筛过滤成为稀粉浆。

2.将剩余清水倒在锅中，加入白糖煮沸化开，过滤成糖水。待糖水略凉与稀粉浆混合。分作甲、乙两盆糖粉浆。

3.将装有糖粉浆的甲盆放于沸水中不停搅拌至烫成"挂糊"时离火。然后将乙盆糖粉浆倒入甲盆中拌匀成半熟糊状，再加入马蹄粒。

4.将半熟糯糊倒入涂有生油的盘内，用中火蒸约20分钟即成。出笼冷却后改刀装盘。

❖ 风味特色

清香可口，软韧夹爽。

❖ 制作关键

掌握好马蹄糕的调浆。

❖ 相关面点

南瓜饼、山药糕等。

象生雪梨

❖ 原料

土豆 500 克、糯米粉 300 克、白糖 200 克、豆沙馅 500 克、色拉油 1000 克、麻仁 100 克、面包糠 50 克

❖ 工艺流程

土豆蒸熟→加入白糖、糯米粉→成团→包馅→成型→成熟

❖ 制作流程

1.土豆洗净切块放蒸屉中,大火蒸 15 分钟,蒸熟后待凉,压成泥;加入白糖、糯米粉,揉成面团。

2.将粉团搓成条状,下剂,在手掌上按扁,包入豆沙馅,收口,揉成梨形,粘上一层面包糠,用豆沙馅做梨柄,即成生坯。

3.锅内油烧至四成,下入生坯,炸至金黄色即可。

❖ 制作关键

1.根据土豆的含水量,掌握糯米粉的用量。

2.注意炸制的油温。

❖ 风味特色

外酥里糯,香甜适口。

❖ 相关面点

土豆饼等。

黄桂柿子饼

❖ 原料

面粉 500 克、柿子 500 克、熟面 65 克、绵白糖 125 克、黄桂酱 7.5 克、玫瑰酱 7.5 克、核桃仁 7.5 克、青红丝 5 克、猪板油 38 克

❖ 工艺流程

选料→调馅→和面→成型→成熟

❖ 制作流程

1.将猪板油去膜,切成 0.5 厘米见方的丁,把青红丝、核桃仁切碎。用 65 克熟面粉与黄桂酱、玫瑰酱拌匀,加入板油丁、白糖、青红丝末、核桃末等揉搓成馅。

2.将面粉 250 克放在案板上,扒一坑塘,柿子去蒂、皮,放入坑塘内,搅拌成糊,揉成团;再加入 250 克面粉揉成较硬的面团。

3.将柿子面团摘成50克重的剂子,按扁包入糖馅15克,收口形成球状,放入装有50克色拉油的鏊中烙烤,待底面变黄时压成扁圆形,翻身,烙约15分钟,待两面颜色均匀时即成熟。

❖ 制作关键

成型时收口要严实,注意烙制的油温。

❖ 风味特点

色泽焦黄,气味芳香,柔软甘甜。

❖ 相关面点

瓜饼等。

汤泡虾蓉角

❖ 原料

鲜虾肉500克、精盐10克、一级生粉45克、鸡蛋清100克、栗粉5克、馄饨馅800克、上汤1500克、鲜菇150克、韭黄50克、味精5克

❖ 工艺流程

虾肉剁蓉→加入生粉、栗粉→制皮→包馅→成型→成熟

❖ 制作流程

1.鲜虾肉洗净后,用白毛巾吸干水分,剁成蓉状,加入精盐1克,打至生成胶黏性,加入鸡蛋清20克拌匀,再加入过筛的生粉、栗粉揉成虾蓉面团,静置5分钟。

2.将虾蓉面团搓条切成12克一只的小粒,撒上生粉,将小粒擀成6.5厘米直径的圆形薄皮,有序地排在盘中白纸上,盖上白布备用。

3.韭黄洗净切段,鲜菇用加了盐的沸水烫1~2分钟后捞起晾去水分,各分成20份,鸡蛋清调开后待用。

4.馄饨馅分成80份,每块虾蓉皮包上1份馄饨馅,皮边涂上蛋清,将虾蓉皮对称捏成角形。

5.每只碗内放上鲜菇、韭黄各1份。虾蓉角入沸水锅煮熟,每4只放于一小碗中,舀入煮沸的上汤,加入盐、味精调味即成汤泡虾蓉角。

❖ 制作关键

粉料要过筛,包制馄饨时,皮的边缘一定涂上蛋清。

❖ 风味特点

透明光亮,汤清味鲜,品感爽滑。

❖ 相关面点

冬笋明虾盒、百花虾皮脯等。

参考文献

1. 孙长杰. 面点技术[M]. 北京:中国劳动社会保障出版社,2007.
2. 邵万宽. 中国面点[M]. 北京:中国商业出版社,1989.
3. 钟志慧. 面点工艺学[M]. 成都:四川人民出版社,2002.